高等院校风景园林专业规划教材

风景园林规划设计原理

主　编　陈晓刚
副主编　林　辉　周　博　申益春
　　　　陈　辉　车晓雨

U0278991

中国建材工业出版社

图书在版编目（CIP）数据

风景园林规划设计原理/陈晓刚主编．--北京：
中国建材工业出版社，2020.12（2023.8重印）
高等院校风景园林专业规划教材
ISBN 978-7-5160-3124-7

Ⅰ.①风…　Ⅱ.①陈…　Ⅲ.①园林设计－高等学校－
教材　Ⅳ.①TU986.2

中国版本图书馆 CIP 数据核字（2020）第 241203 号

内容提要

本书主要阐述了风景园林的基本概念、基础理论及构成要素，详细介绍了风景园林的创作思维和设计方法，其中着重论述了风景园林规划中城市广场、城市公园绿地、城市住宅环境、城市滨水和城市街道规划设计内容和要点，并系统地归纳和总结了风景园林规划设计程序。

本书可供风景园林、建筑学、城乡规划、环境艺术、园林等相关学科专业进行教学和学习参考。

风景园林规划设计原理
Fengjing Yuanlin Guihua Sheji Yuanli
陈晓刚　主编

出版发行：中国建材工业出版社
地　　址：北京市海淀区三里河路 11 号
邮　　编：100831
经　　销：全国各地新华书店
印　　刷：北京印刷集团有限责任公司
开　　本：787mm×1092mm　1/16
印　　张：10
字　　数：230 千字
版　　次：2020 年 12 月第 1 版
印　　次：2023 年 8 月第 3 次
定　　价：42.00 元

《高等院校风景园林专业规划教材》
丛书参编院校

北京林业大学	东北林业大学
华中农业大学	中国农业大学
浙江农林大学	四川农业大学
西北农林科技大学	沈阳建筑大学
中南林业科技大学	河北农业大学
苏州大学	武汉大学
东北大学	北华大学
长江大学	海南大学
南京农业大学	山西农业大学
湖南农业大学	吉林农业大学
浙江师范大学	江西师范大学
湖北工业大学	河北工程大学
西南农业大学	甘肃农业大学
内蒙古农业大学	宁夏大学
新疆农业大学	长春大学
吉首大学	山东工艺美术学院
天津美术学院	天津农学院
成都旅游学院	广东理工学院
河南科技学院	徐州工程学院
河北体育学院	

本书编委会

主　编　陈晓刚（江西师范大学）
副主编　林　辉（江西师范大学）
　　　　周　博（江西师范大学）
　　　　申益春（海南大学）
　　　　陈　辉（海南大学）
　　　　车晓雨（河北农业大学）

前言 | Preface

随着城市化建设的飞快发展，人们越来越重视生活环境的质量，风景园林对于改善和提高人们的生活环境水平发挥着极为重要的作用，因此成为人们广泛关注的焦点。近年来，风景园林行业对于专业人才的需求正不断增加，各大高等院校积极地开设风景园林专业的相关课程。风景园林作为一门综合性学科，对相关专业的教材具有较高要求，不仅需要涉及建筑学、艺术学、美学、生态学、心理学、人体工程学等众多相关领域的学科知识，还需及时把握风景园林实践的前沿动态，在坚实的理论基础上做到与时俱进，使之兼顾实用性、创新性、前瞻性，以期更好地推动风景园林规划学科理论和设计实践的进步与发展，全面提升人居环境质量，实现人与自然的和谐发展。

本书共分为七章，主要内容包括风景园林概述、风景园林规划设计的基础理论、风景园林规划设计的构成要素、风景园林规划设计的创作思维、风景园林规划设计的方法、风景园林的分类设计以及风景园林规划设计的程序。本书在编写过程中总结了国内外风景园林的实践经验和专业理论，全面、系统、详尽地阐述了风景园林相关的基础知识，在注重风景园林科学性与艺术性的基础上，交叉运用多学科领域专业理论知识，并结合知名的实际设计项目进行案例分析，强调学科理论与设计实践紧密结合。此外，为更好表述内容，书中穿插了相应的图片与表格进行补充说明，力求概念清晰、简洁明了、内容翔实，以期读者能够更好地理解和吸收风景园林规划设计要点，厘清风景园林学科理论发展内在逻辑，奠定风景园林专业学科基础，更好地掌握风景园林的理论知识和实践技能，努力成为高素质、高水平的风景园林专业人才。

本书由陈晓刚副教授全面策划、组织和负责编写，在编写的过程中，申益春副教授和江西师范大学的研究生王苏宇同学协助完成本书的第3章内容，陈辉副教授、车晓雨老师和江西师范大学的研究生成研同学协助完成本书的第4章内容，周博副教授协助完成本书的第5章内容，林辉教授协助完成本书的第7章内容和全书的校对工作，为本书的顺利出版付出了很多的辛劳，在此一并表示感谢！

本书作为系统介绍风景园林基础知识的普及教材，希望能够为风景园林相关的教师和学生提供帮助，并为中国未来的风景园林设计教育和设计专业发展贡献力量。另外，本书部分图片来自网络，在此向图片作者表示感谢。由于风景园林涵盖内容较多，且编者的理论水准与实践经验有限，在编写过程中难免存在一些问题，有不足之处，恳请广大同仁及读者批评指正。

编者

2020 年 10 月

目录 | Contents

第1章

风景园林概述

1.1 风景园林的基本认识

"园林"一词在古汉语中由来已久,并非园与林的合称,也不是园林中有树林的意思,而是园的总汇,泛指各种不同的园子和其内部要素。《娇女诗》:"驰骛翔园林,果下皆生摘。"《洛阳伽蓝记·城东》:"园林山池之美,诸王莫及。"《杂诗》:"暮春和气应,白日照园林。"这里的"园林"就是我们今天所谓的有树木花草、假山水榭、亭台楼阁,供人休息和游赏的地方。

关于园林的含义,一直以来,学术界对这一概念无明确的定论,至今尚有不同的看法。根据《中国大百科全书》其定义为:"在一定的地域运用工程技术和艺术手段,通过改造地形(或进一步筑山、叠石、理水)、种植树木花草、营造建筑和布置园路等途径创作而成的优美自然环境和游憩区域。"而根据《园林基本术语标准》(CJJ/T 91—2017)的定义,园林是指在一定地域内运用工程技术和艺术手段,创作而成的优美的游憩境域。

1.1.1 人与自然的关系

自从人类出现以来,人与自然的关系就一直存在着。随着人类社会和自然界的不断进化,人与自然的关系也发生了巨大的变化。时光流逝,我们已经进入了一个不寻常的时代,中西文化的交融、科学技术的巨大进步正在迅速而又深刻地改变着人类的思维方式、生产方式和生活方式,同时也改变着自然的面貌。人类干预自然的能力(包括创造力和破坏力),在时空和速率上都得到强化和延伸,同时这种与日俱增的能力还不断受到来自政治、经济以及人类自身需求的正反馈激励,结果使人与自然之间原有经过长期演化所形成的相对稳定关系发生了剧烈的变动,代之而来的是人与自然关系的严重失调和众多尖锐的矛盾。

1.1.2 现代风景园林的产生

随着人类社会的发展,从庭院、苑囿、园林、公园到生态规划,因其需解决的问题日趋复杂,特别是工业化后,其外延不断扩大,发展成为当代的风景园林,但风景园林已不可等同于"造园""园林设计""景观设计"等众人熟知的范畴,其内涵和外延是不断发展更新的,与当代其他学科一样,不断地细分,综合,再细分,再综合。当然其基本的知识和工作方法是有延续性的,如传统园林知识是从业者必须首先掌握的(在英语中，传统园林为 Garden 或 Park，Landscape Architecture 出现于 19 世纪下半叶，其相对应的中文名词有不同看法，这里指的是景观设计）。风景园林是关于园林景观的分析、规划布局、设计、改造、管理、保护及恢复的学科和艺术，是一门建立在广泛的自然科学和人文与艺术科学基础上的应用学科。这门学科尤其强调对土地的设计，即通过对有关土地及一切人类户外空间的问题进行科学理性的分析，提出问题的解决方案和解决途径，并监理设计目标的实现。

现代风景园林学科的发展和其职业化进程，美国走在最前列。在美国，风景园林专业教育由哈佛大学首创。从某种意义上讲，哈佛大学的风景园林专业教育史代表了美国的现代风景园林发展史。从 1860 年到 1900 年，奥姆斯特德等设计师在城市公园绿地、广场、校园、居住区及自然保护地等方面所做的风景园林奠定了其学科基础，之后其活动领域又扩展到了主题公园和高速公路系统的景观设计等。

在全世界范围内，英国的风景园林专业发展也比较早。1932 年，英国第一个风景园林课程出现在雷丁大学（University of Reading），并且，相当多的大学在 20 世纪 50～70 年代早期分别设立了风景园林研究生项目。风景园林教育体系相对而言已经成熟，其中，相当一部分学院在国际上享有声誉。

纵观国外的风景园林专业教育，大多非常重视多学科的交叉融合，从空间设计的基本知识出发，包括生态学、土壤学等自然科学，也包括人类文化学、行为心理学等人文科学，这种综合性进一步推进了学科发展的多元化。

1.2　风景园林学科中的基本概念

1.2.1　景观、风景和园林

景观由地理学界提出，指的是一种地表景象，或综合自然地理区，或是一种类型单位的通称，如草原景观、森林景观、城市景观、人文景观等，并且有风景、景致或景色之意，它是具有艺术审美价值和观赏休闲价值的景物。

风景是指地球演化而形成的自然地形、地貌、河流、植被等，能给人的主观意识以美感的景观。风景是以自然物为主体所形成的能引起美感的审美对象，而且必定是以时空为特点的多维空间，具有诗情画意，令人赏心悦目，使人流连忘返。风景的形象是多种多样的，如高山峻岭之景、江河湖海之景、林海雪原之景、高山草原之景、花港观鱼之景、文物古迹之景、风土民情之景等。风景是客观存在的，但却不是从来就有，它伴随着人类文明发展而产生。风景是天然的景观，风景不可以"开发"。

园林是以山水植物等自然因素与建筑道路等人为因素相结合而创造出的具有自然美的人类生活环境空间，是由许多孤立、连续或断续的风景，以某种方式剪接和联系所构成的空间境域，是有界限范围的一块私人地域。

1.2.2　风景园林

风景园林是一个动态的概念，它随着社会历史和人类认识的发展而变化着，不同的阶段有不同的内容和适用范围，但不同历史阶段的风景园林有其共性内涵。风景园林与建筑及城市构成图底关系，相辅相成，是人居学科群支柱性学科之一。另外，风景园林学是规划、设计、保护、建设和管理户外自然和人工境域的学科。其核心内容是户外空间营造，根本使命是协调人和自然之间的关系，主要内容涉及规划设计、园林植物、工程学、环境生态、文化艺术、地学、社会学等多学科的交汇综合，担负着自然环境和人工环境建设与发展、提高人类生活质量、传承和弘扬中华民族优秀传统文化的重任。

1.2.3　景观形态学与景观美学

景观是人们理想中的天堂，建造景观就是在大地上建造人间的天堂，那么需要我们利用科学技术去改造自然。在自然中，实际上美与真是一体的，在人类认识的过程中也一直存在着互相渗透的情况，但是在当前艺术与科学及其教育领域里存在着一些人为的割裂，造成各自缺乏生机的表现的后果。因此，对于风景园林专业学生来说有必要跨越知识界限，将科学的认识与艺术的审美结合起来。

不论是风景园林师，还是与风景园林行业相关的建筑设计师、城市规划师、环境艺术设计师等都需要增强观察能力，通过观察才能够发现形态，了解形态以及创造形态。自然形态是普遍可见的现实，是创造性设计活动的源泉之一，是灵感激发的动机之一，是形成设计的形态风格和语言形式的文本之一，因此景观形态在风景园林专业中具有十分重要的地位。

任何设计都必须是美的，风景园林也不例外。景观美学首先是要合理，要满足所需的要求。如时装，虽说从样式、色彩、质地上可进行无穷无尽的设计，但每一件衣服都要穿得合身、穿得舒服，这是人本能的要求，不得违背。同时设计要体现经济、文化和时代的背景，风景园林更是如此，如为一项不切实际的工程兴师动众、劳民伤财，就没必要了。此外，设计美还应与所有形式美以外的诸因素密切结合，使经历几千年发展变化的传统风景园林景观有其独特的设计美。

传统风景园林景观美的首要形态是自然美。山水植物、建筑材料乃至物候天象等，都是构成风景园林作品的基础，在风景园林的创作过程中，景观的自然美是建立在客观存在的自然基础上的，更体现了人的本质力量和智慧，具有一种特定形态的自然美。如世界自然遗产张家界早已存在几百年之久了，在没有被人类发现之前，无从说起美与不美，只有它进入人的审美视野，并随着不断开辟出来的旅游线路，让人们身临其境去感受它的自然之美，才为世人所知、所爱。

1.3　风景园林学科与相关学科的关系

风景园林需要综合运用建筑学、城乡规划、环境艺术、地理学等相关知识来创造出具有美学和实用价值的设计方案。

1.3.1　建筑学

建筑学的研究内容是专注于特定功能的建筑物，如住宅、公共建筑、学校和工厂等，而风景园林师所关注的是土地利用和人类户外空间营造问题。

1.3.2 城乡规划

城乡规划是指为整个城乡社会和经济发展、土地利用、空间布局的部署、安排和管理，它更偏向社会经济发展的层面。风景园林师则要同时掌握关于自然系统和社会系统两个方面的知识，懂得如何协调人与自然的关系，设计出人地关系和谐的城市。

1.3.3 环境艺术

环境艺术依赖于设计师的艺术灵感和艺术创造，而风景园林则需用综合学科知识解决问题，在科学理性分析的基础上，致力于一个物质空间的整体设计。

1.3.4 地理学

地理学是研究地球表面地理环境结构、分布及其发展和变化规律以及人地关系的学科。景观原来是地理学的概念，以景观为研究中心的景观学派也是地理学中的流派。人地关系是地理学研究的核心课题，也是风景园林的目标和原则。因此，地理学中的人地关系理论被大量应用于现代风景园林中。

1.4 风景园林的分类

1.4.1 风景园林的尺度分类

按照尺度对人类的影响，风景园林尺度大体分为以下几种：

第一，自然的尺度。这主要是指园林景物本身的大小，通过合理的尺度搭配，满足人们的各种要求，如园林中乔木和灌木的尺度、休闲座椅的尺度、建筑的尺度等，这种尺度会让人们感到舒适与安全。

第二，夸张的尺度。在风景园林中，有时需要夸大某个元素，使人产生敬畏感，通常将原有景物的尺度放大，形成全新的尺度。这种尺度主要用在纪念性场所，例如天安门广场的人民英雄纪念碑（图1-1），人在纪念碑下显得很渺小，纪念碑则夸大了原有碑体的大小，具有了一种象征性的意义。某种园林空间为了纪念此地出现的某位人物也可采用此种手法，设计者通过台阶抬高纪念性雕塑的高度，让纪念性雕塑远远超出人物本身的实际大小，使其已经失去了原有的尺度含义而产生了新的尺度含义，变成了一种精神象征。再如为纪念孙中山先生而修建的南京中山陵，从牌坊到祭堂共有329级台阶、8个休息平台，人们从下面走上去要经过很长的台阶，而且人站在下面的台阶上看不到上面的情况，只能感觉到道路一直向前并与天空相接。此种处理手法突出了中山陵的神圣，它的尺度不再是自身的实际大小，而是与台阶融为一体，形成了精神上的新尺度，人们从下面朝上望去，陵墓显得高大、宏伟。

第三，亲切的尺度。此种尺度主要以人体为参照，园林景物的尺度比实际要小，或者比人的尺度要小，这种尺度会让人不再紧张，拥有掌控感与亲切感。如故宫北面的御花园，园林景物与空间尺度相比于前面的殿堂建筑显得小得多，尺度亲人，使人倍感它们的小巧与紧凑。我们可以将园林中大体量或大面积的部分划分成多个小部分，每个小

图 1-1　人民英雄纪念碑

部分都是人们能够轻易估算出尺度的部分，这同样能使人产生亲切的尺度感。

在风景园林中，自然尺度与亲切尺度是我们经常遇到的，这两种尺度都以人的感受为出发点，符合人的生理与心理特点。如户外台阶的高度、栏杆扶手的高度、座椅的高度等，都是根据人体的需要而设定的。

1.4.2　风景园林的空间形态分类

1. 原空间（自然空间）

上接蓝天，下接岩土，无边无缘，无限伸展（图 1-2）。

图 1-2　原空间

2. 建筑空间

人们按自己的需要从无限的自然空间中划出的一块有限的活动领域，加以人工构筑，它是人们理想意志的物化（图1-3）。

图1-3　建筑空间

3. 知觉空间

受控于形态特点与图底关系。

1）在空间形态上，指一种律动、力动、气韵而言。

（1）自然形态是形式的源泉，其内部结构和外部形态一致，一般指具象特征。

（2）人为形态由抽象概括和拓扑变形及运用比例、尺度、分隔、韵律、节奏组织的。

（3）超自然形态，以微观物质世界，如化学分子结构、生物的细胞结构等原形，创造或再现建筑空间。

2）图底关系指任何可认知形都是由图形与背景两部分组成，图与底互相衬托，并在一定条件下可以转变。在空间形态设计中要兼顾正、负形，使其互为完善。当图形与背景同时映入人的视野时，会呈现以下知觉规律：

（1）背景具有模糊绵延的退后感，图形通常是由轮廓界限分割而成，给人以清晰、紧凑的闭合感。

（2）图形与背景的主从关系随周围环境不同而变化，在群体组合中，以距离近、密度高的图形为主体形。

（3）小图形比大图形容易变为主体形，内部封闭的形比外部敞开的形容易成为主体形。

（4）对称形与成对的平行线容易成为主体形，并能给人以均衡的稳定感。

4. 积极空间与消极空间

积极空间是有确定领域，是有计划的、收敛的、外围的、划分井然有序而无法向外延伸的空间；消极空间是虚拟限定，是发射的、没计划的、自由延伸且无止境的空间。因此，空间的创造就包括从无限的宇宙空间中有计划地分隔并组织出积极空间，或创造出无限自然环境而衍生的消极空间。

1.4.3　风景园林的内容分类

风景园林是一个由浅入深不断完善的过程，设计者在接到任务后，应该首先充分了解设计委托方的具体要求，然后进行基地调查，收集相关资料，对整个基地及环境状况进行综合概括分析，提出合理的方案构思和设想，最终完成设计。风景园林主要包括方案设计、详细设计和施工图设计三大部分。这三部分在相互联系相互制约的基础上有着明确的职责划分。

方案设计作为风景园林的第一阶段，它对整个设计过程起到指导性作用，该阶段的工作主要包括确立设计思想、进行功能分区，结合基地条件、空间及视觉构图，确定各种使用区的平面位置，包括交通的布置、广场和停车场地的安排、建筑及入口的确定等内容。

详细设计阶段就是全面地对整个方案各方面进行详细的设计，包括确定准确的形状、尺寸、色彩和材料，完成各局部详细的平、立、剖面图，详图，园景的透视图以及表现整体设计的鸟瞰图等。

施工图阶段是将设计与施工连接起来的环节，根据所设计的方案，结合各工种的要求分别制定出能具体、准确地指导施工的各种图纸，能清楚地表示出各项设计内容的尺寸、位置、形状、材料、种类、数量、色彩以及构造和结构，完成施工平面图、地形设计图、种植平面图、园林建筑施工图等。

【思考与练习】

1. 阐述"景观""风景"和"园林"之间的联系与区别。
2. 从风景园林学科与相关学科的关系出发思考现代风景园林的重要意义。
3. 分析和归纳风景园林不同空间形态的特点。
4. 简述风景园林的主要内容。

第2章

风景园林规划设计的基础理论

2.1 环境行为心理学

环境心理学是研究环境与人的心理和行为之间的关系的一门应用型社会心理学，又称"人类生态学"或"生态心理学"。这里所说的环境虽然也包括社会环境，但主要是指物理环境，包括噪声、拥挤程度、空气质量、温度、建筑设计、个人空间、园林景观等。著名心理学家班图拉认为，人的行为因素与环境因素之间存在着互相连接、互相作用的关系。环境可以被理解为周边的情况，而对身处环境中的人来说，环境可以被理解为能对人的行为产生某种影响的外界事物。心理学主要是研究人的认识、情感、性格等心理过程及人的能力、意志等方面的学科。在人与环境共存的空间中，人类改变了环境，人类的行为和认识也被环境所改变。这里所说的环境主要指物理环境，它包括自然环境与人文环境两个方面，主要应用在心理学、建筑学与环境科学等学科的研究中。环境的尺度关系包含在其物理性质中，也从多方面受到尺度的影响，进而使环境中的人形成不同的心理感受。

2.1.1 人的基本需要

风景园林所研究的对象以外部空间设计为主，由于人是一切空间活动的主体，也是一切空间形态的创造者，因此风景园林不能脱离身处其中的人的行为。而环境行为学是一门以人类行为为研究课题的科学，涵盖社会学、人类学、心理学和生物学等，通过研究人的行为、活动、价值观等问题，为舒适怡人环境的生成提供帮助。

心理学家马斯洛在20世纪40年代就提出人的"需要层次"学说，这一学说对行为学及心理学等方面的研究具有很大的影响。他认为人有生理、安全、交往、尊重及自我实现等需求，这种需求是有层次的。最下面的生理需求是最基本的，而最上面的自我实现需求是最有个性和最高级的。不同情况下人的需求不同，这种需求是会发生变化的。当低层次没有得到满足的时候，不得不放弃高一层次的需要。虽然人本身所具有的复杂性常常同时出现各种需求，也并不是绝对按照层次的先后去满足需求的，但这种学说对我们认识人的心理需要仍然具有一定的普遍性。

根据马斯洛"需要层次"学说的理论，风景园林所应满足的层次也应该包括从低级到高级的层次过程，参与者在不同阶段对环境场所有着不同的接受状态和需要。风景园林是研究人与自身、人与人和人与自然之间关系的艺术，因此，满足人的需要是设计的原动力，具体包括以下几个方面。

1) 安全性

安全性是风景园林所要满足的最基本的要求，也属于马斯洛提出的基础层次，具体到风景园林的安全性设计上，首先体现在对特定领域的从属性，在个人化的空间环境中，人需要能够占有和控制一定的空间领域。心理学家认为，领域不仅提供相对的安全感与便于沟通的信息，还表明了占有者的身份与对所占领域的权力象征。在庭院及任何具有领域性的场所空间的边界都设置有一定的范围边界，而且边界的围护程度也与场所需要的安全性相互关联。如私人庭院需要封闭性围墙设计，但在管理水平较高的小区中，用篱笆或栅栏就可以限定区域；在大型公园的区域中一些小分区的边界处理，由于所需的安全性主要属于心理上的界限，因此可以处理得更为自由和多样，可能只是座椅的一种布置方式，就能带给人心理上的场所感和安全感。

2) 实用性

实用性主要是针对风景园林的功能性而言，功能是风景园林最主要的设计依据和最基本的要求，如何满足人们最基本的需要，首先要对其所要达到的目的做详细的分析。例如，对学校图书馆周围环境进行规划设计，其主要功能包括：①满足人流集散；②与周围建筑建立交通联系；③提供人读书休息的场所和空间。在满足这些功能的基础之上，对现有周围环境做详细的调研，然后对景观进行规划，使得规划后合理恰当地满足其功能需要，以达到风景园林的实用性。实用性还体现在景观中的每一种元素设计的多样化，其不仅有以游赏、娱乐为目的，而且还有游人使用、参与及生产防护等功效，使人获得满足感和充实感。例如，冠荫树下的树坛增加了坐凳就能让人得到休息的场所；草坪开放就可让人进入活动。用灌木作为绿篱有多种功能，既能把大场地细分为小功能空间，又能挡风、降低噪声，隐藏不雅的景致，形成视觉控制，而使用低矮的观赏灌木，人们可以接近欣赏它们的形态。

3) 私密性与公共性

人类是社会性动物，需要交往，在这里交往涉及两个方面：一方面是私密性；另一方面是公共性。

私密性可以理解为个人对空间接近程度的选择性控制。人对私密空间的选择可以表现为一个人独处，希望按照自己的愿望支配自己的环境，或几个人亲密相处不愿受他人干扰。在竞争激烈、匆匆忙忙的社会环境中，特别是在繁华的城市中，人们极其向往拥有一块远离喧嚣的清静之地。设计师考虑人对私密性的需要，并不一定需要设计成一个完全闭合的空间，但在空间属性上要对空间有较为完整和明确的限定。一些布局合理的绿色屏障或是分散排列的树就可以提供私密性的环境，在植物营造的静谧空间中，人们可以读书、静坐、交谈。

正如人类需要私密空间一样，有时人类也需要自由开阔的公共空间。环境心理学家曾提出社会向心与社会离心的空间概念，讲的是公共交往的开放性场所，主要是为大多数人服务。同时，它又是人类与自然进行物质、能量和信息交流的重要场所。

2.1.2　个人空间与人际距离

1. 个人空间

个人空间体现了微观环境中的环境行为关系，它是最小的并随身体而移动的领域。

鸟在电线上停成一排，相互保持一定的间隔，恰好谁也啄不到谁；顾客在餐厅中总是尽量错开就座；在公园中，只要还有空位，游人不会夹坐在两个陌生人中间。

心理学家萨姆（R. Sommer）见微知著，对这类司空见惯的现象进行大量调研，最早提出个人空间（personal space）的概念。他认为，每个人身体周围都存在着一个既不可见又不可分的空间范围，对这一范围的侵犯或干扰，将会引起被侵犯者的焦虑和不安。这个"神秘的气泡"随身体移动而移动，它不是人们的共享空间，而是个人在心理上需要占有的最小空间范围，也可称为"身体缓冲区"。部分人认为，个人空间起着分隔个人的作用，以使个人在空间中保持各自的完整性不受侵犯；另一部分人则从信息论出发，认为个人空间使人际间的信息交流处于最佳水平。相互间越接近，让对方接收到的感觉信息就越多，为了减少信息过多所产生的压力，人需要在自身周围保持一定的空间范围。为了度量个人空间的大小和形状，心理学家做过许多实验，虽然结果不尽相同，但一般来说，个人空间前部较大，后部较小，两侧最小，即从侧面更容易靠近其他人。

个人空间受到侵犯时，被侵犯者会下意识地做出保护反应，如做出某种眼神、手势和身姿，或用物品占有身边的空间。这类保护常具有双向性，如在阅览室中读者偏爱错开就座，不仅意味着对自身个人空间的保护，也意味着对他人个人空间的尊重。萨姆发现，人们采取两种方式保护个人空间，如希望尽可能少受别人干扰的人常选择长凳端头的座位，而采取"守势"（defence）；不愿别人来占座的人则选择中间座位，采取所谓"攻势"（offence）。观察也发现，公园或绿地中容纳三人以上的长凳很少满座，原因在于这些长凳只考虑到就座者身体的宽度，忽略了就座者需要保持的间隔。理论上，每位就座者所需宽度为55厘米左右，因此长度为3.6米的长凳可供6人就座，但事实上这仅适用于熟人和特殊群体，如同班同学、儿童和老年人，或仅适用于候车室等场合负重及长时间等候的劳累迫使人们在个人空间方面做出部分让步。

2. 人际距离

人类学家霍尔（E. Hall）研究了相互交往中人际间所保持的距离，并把它们归纳为四种，每一种又分为远距离和近距离两类。不同种类的人际距离具有不同的感官反应和行为特征，反映出人在交往时不同的心理需要。

1）密切距离（intimate distance）。近距离少于15厘米，远距离15～45厘米。位于这一距离时，身体具有相当大的实际接触，可以互相感到对方的热辐射和气味，由于敏锐的中央凹视觉在近距离时难以调整焦距，因而眼睛常呈内斜视（斗鸡眼），并产生视觉失真。在近距离时发音易受呼吸干扰；在远距离时表现为亲切的耳语。这一距离主要用于格斗、亲热、抚爱等行为，一般不用于公共场合，在公共场合与陌生人处于这一距离时会使人感到严重不安。

2）个人距离（personal distance）。近距离45～75厘米，远距离75～120厘米，与个人空间的范围基本一致，一般用于亲属、师生、密友之间。在近距离，可以握手言欢、促膝谈心，语言声音适中，眼睛很易调整焦距，观察细部质感时失真较少，但不能一眼看清对方的整个脸部，而必须把中央凹视觉集中在对方脸部的某些特征，如集中在眼睛上。超过远距离的上限（120厘米）时，很难用手触摸到他人，因此也可用"一臂长"来形容这一距离。

3）社交距离（social distance）。近距离 1.2～2.1 米，远距离 2.1～3.6 米。随距离增大，中央凹视觉在远距离可看到整个脸部，而在垂直视角 60°的视野范围内可看到对方全身及其周围环境，这就是日常试衣时说的"站远点，让我看看"时所处的距离。社交距离常用来处理非个人的事务，工作关系密切的人，如同事，常处于近距离；社交演讲、处理正式事务则用远距离，远距离还起着使人们相互分离、互不干扰的作用。观察表明，即使熟人出现在远距离，坐着工作的人也可不打招呼、继续工作而不致失礼。反之，如是近距离，对于熟人，便会相互致意，对于陌生人，则会招呼发问，这对于室内设计和家具布置具有一定的参考价值。

4）公共距离（public distance）。近距离 3.6～7.6 米，远距离大于 7.6 米。这一距离主要用于演讲、演出和各种仪式。此时，所发生的行为与其他距离相比有较大差别：不仅声音提高，而且语法正规、语调郑重、遣词造句颇费斟酌，在远距离时连手势和身姿也有所夸大。

为了付诸实际运用，可用距离与身高之比对上述距离加以简化。人际保持密切关系时，距离的上限是社交距离近距离（密切的同事关系），如以身高 1.8 米计，此时距离与身高之比 $D:H=2:3～7:6$，中值恰好接近 1:1；社交距离远距离时，$D:H=2:1$，这一比值使人相互分隔、互不干扰；公共距离远距离时，$D:H$ 近似等于 4:1，大于这一比值，人际间就没有什么相互影响可言。

2.1.3　外部空间的行为习性

自然环境本身常常也有某些特征诱发出一些非个体行为，而成为某些固定行为模式的场所，如一棵大树所形成的林间空间等。陆游在《小舟游近村舍舟步归》中所写"斜阳古柳赵家庄，负鼓盲翁正作场"，描述的就是村庄里男女老少晚饭后自发地聚在柳荫下听盲翁说书的生动场景。这种自然的场所有时比人工场所更吸引人，尤其在高度城市化的现代城市中，一些有大树的绿地的生态特征和自然情趣使它们多数也成为市民自发性群体活动的场所。例如，北京的一些街角保留了一片茂密的林地，市园林部门做了护栏铺地，种植了一些花草，布置了一些石桌、石凳，颇受周围多层住宅区居民喜爱，被称为"马路俱乐部"。多年以来，无论春夏秋冬，只要不是雨雪大风天气，这里总有许多人在进行各种活动，如气功、太极拳、舞蹈、棋牌、聊天、遛鸟、儿童游戏等，十分热闹。什么时间、哪类空间从事什么活动，人们似乎对此早已达成默契。

2.1.4　人对景观空间的认知

1. 视觉研究的深化

研究发现，视网膜由中央凹、黄斑和周围视觉组成，各自具有不同的视觉功能，使人以三种各不相同却又相互协同的方式观察世界，现分述如下：

人主要依靠视觉体验建筑和自然环境。但"主要"不等于"唯一"，环境也决不是一维的画面。事实上，人通过多种感觉（视、听、嗅、动、触等）体验环境。近年来，关于"多种感觉性质"（multisensory nature）的研究不断深化，为设计者提供了许多有意义的启示。

1）中央凹

中央凹是位于视网膜中央的小凹，含有最微细的视锥细胞。中央凹形成的视野呈圆锥状，水平和垂直视角均为2°左右；当头部保持垂直或略微前倾时，中央凹视觉通常看着视平线以下10°左右的地方。中央凹具有辨别物体精细形态的能力（即"视敏度"），例如，它使人能极敏锐地看到离眼305厘米，直径0.3～6毫米的小圆；使人有可能完成穿针、引线、拔刺、雕刻等精细工作。对此，人类学家霍尔曾正确指出："没有中央凹，就不会有机床、显微镜和望远镜，一句话，就没有科学"。

当人观看对象时，中央凹视觉一般沿点划式轨迹进行扫描（scanning）。所谓"划"就是扫视，而"点"，就是停顿和注视。扫描可较快了解全局，注视则能深入局部，其中，停顿即注视的时间，又与人的兴趣形成正相关：对其一点的注视时间越长，越易引起人的兴趣，反之亦然。因此，就直觉而言，匀质的景观即缺乏停顿点的景观，如浅灰色的天空、烟波浩渺的大洋、茫无边际的沙漠、单调划一的建筑等，往往很快（不是马上）就会引起视觉疲劳，继而会使人产生厌倦。换言之，人需要注视"什么"，于是，碧波中的点点白帆、林海中的亭台楼阁、原野上的村舍……都会成为中央凹积极捕捉的目标。同是大海，礁石激起的浪花就远比万顷碧波耐看；同为湖光山色，杭州西湖就比武汉东湖更能使"眼"留连。因为杭州西湖具有更曲折的岸形，更丰富的中景（包括湖中小岛），而后者则"天低吴楚眼空无物"，虽然更大却经不住眼睛的反复扫描。

据研究，中央凹的扫描方式因对象而异。例如，观看画片等小尺度对象时，中央凹沿着复杂而又循环的路线进行扫描；观看较大的雕塑时，扫描集中于形体本身，折线来回跳跃并在形体外轮廓处略作停顿；对于建筑，主要沿线条和外轮廓线进行，并多停顿于檐口入口和形体突变部位；对于街道，中央凹集中于中景左右来回扫描，注视程度随距离增加而渐渐减弱，具有连续性；对于广场，扫描多集中于中景或近景处的狭窄地带，围绕中心来回摆动，注视程度变化较大，具有动态性质。根据中央凹的视野范围可确定不同视距，如建筑或环境细部（如檐口和雕塑）的尺寸，然而，就风景园林而言，眼睛的扫描规律与直觉审美密切相关，因此具有更为重要的意义。

2）黄斑和周围视觉

黄斑为处于人眼光学中心的一块椭圆形黄色色素区域，水平视角12°～15°。它虽比不上中央凹精细，但视力仍非常清晰，能完成阅读等功能。黄斑随同中央凹进行扫描，共同形成清晰的视野。

周围视觉位于中央凹和黄斑周围，包括近周围、远周围和边缘单眼视觉三部分，其中边缘单眼视觉部分虽然视力变差，但对运动的感觉相对加强，因此主要用来检测视野周围对象的运动，包括客体的自主运动以及因主体（人）快速移动而造成的客体相对运动。这些运动被边缘视觉夸大，引起人的无意注意和下意识反应，这对感知环境整体、确保自身安全和保持心情安宁具有重要的意义。例如，驾驶汽车从开阔的公路驶入林荫道时，驾车者会情不自禁地减慢车速。倒退的行道树在边缘视觉上产生运动的夸大感，引起人的下意识反应。因此，道路和隧道设计必须充分考虑边缘视觉造成的影响。例如，隧道口应设有合适的视觉过渡和渐变（如设置大小变化的天窗）；而在隧道中，为避免造成车速突变，应保持人工照明均匀一致，并尽量减少位于驾车者眼睛高度的灯光数量。根据边缘视觉对动态刺激敏感的特点，可在商业区多设旗幡、灯光、字幕、喷泉和动态雕塑，而在图书馆和医院则应尽量减少不必要的墙面装饰，可通过加大或减少对边缘视觉的刺激，形成不同的环境气氛。

2. 其他感觉与环境体验

风景园林空间历来多半强调视觉因素，直到近年才开始重视其他感觉与环境体验的关系。

1）听觉

听觉接收的信息远比视觉少，除了盲人用声音作为定位手段外，一般人仅利用听觉作为语言交往、相互联系和洞察环境的手段。然而，声音虽短暂而不集中，但无处不在，因此不仅与室内而且与室外，不仅与局部而且与整体环境体验密切相关。消极方面固然有噪声产生的不利影响，可积极方面却获益更多。丹麦学者拉斯穆森在《体验建筑》一书第十章中强调：不同的建筑反射声能向人传达有关形式和材料的不同印象，促使形成不同的体验。事实上，不仅能"听建筑"，还能"听环境"，无论是人声嘈杂、车马喧闹，还是虫鸣鸟语、竹韵松涛都能有力地表达环境的不同性质，烘托出不同的气氛；从嘈杂街道进入宁静地带时，声音的明显对比会留下特别深刻的印象；特定的声音还能唤起有关特定地点的记忆和联想。林语堂曾夸张地说："闻橹声如在三吴，闻滩声如在浙江，闻赢马项下铃铎声，如在长安道上。"至于特殊的声音信号，诸如教堂钟声、工厂汽笛、校园广播等，远近相闻，有如召唤，更能加深人们归属于特定时空的认同。此外，声音的巧妙利用还能获得某种特殊体验，例如，闹市中喷泉的水声能作为掩蔽噪声，起到闹中取静的作用，有利于游人从事休憩和私密性活动。

2）嗅觉

嗅觉也能加深人对环境的体验。公园和风景区具有充分利用嗅觉的有利条件：花卉、树叶、清新的空气，随着远来的微风常会产生一种"香远益清"的特殊效应，令人陶醉；有时，还可建成以嗅觉为主要特征的景点，如杭州满觉陇和上海桂林公园。在不少小城镇中还可闻到小吃、香料、蔬菜等多种特征性气味，产生富有生气的感受，也增添了日常生活的风趣。此外，不同的气味还能唤起人对特定地点的记忆，用以作为识别环境的辅助手段。

3）触觉

通过接触感知肌理和质感是体验环境的重要方式之一。对于成人，主要来自步行或坐卧；对于儿童，亲切的触觉是生命早期的主要体验之一，"到处摸"——从摸石头、栏杆、花卉、灌木直到小品、雕塑，几乎成为孩提时的习惯。创造富有触觉体验、既安全而又可摸的环境，对于儿童身心发展具有重要的意义。在设计中，质感的变化可作为划分区域和控制行为的暗示，如用不同材料铺地暗示空间的不同功能，用相同材料的铺地外加图案表明预定的行进路线。不同的质感，如草地、沙滩、碎石、积水、厚雪、土路、磴道，有时还可用来唤起不同的情感反应，如南京大屠杀纪念馆墓地满铺四厘米左右的鹅卵石，试图使人产生一种干枯而无生气的感受（图 2-1）。

图 2-1　南京大屠杀纪念馆墓地的鹅卵石

4）动觉

动觉是对身体运动及其位置状态的感觉，它与肌肉组织、肌腱和关节活动有关。身体位置、运动方向、速度大小和支承面性质的改变都会造成动觉改变。典型的例子如水中的汀步（踏石）：当人踩着不规则布置的汀步行进时，必须在每一块石头上略作停顿，以便找到下一个合适的落脚点，结果造成方向、步幅、速度和身姿不停地改变，形成"低头看石抬头观景"的动觉和视觉相结合的特殊模式。如果动觉发生突变的同时伴随有特殊的景观出现，突然性加特殊性就易于使人感到意外和惊奇。在小尺度的园林和其他建筑中，"先抑后扬""峰回路转""柳暗花明"都是运用这一原则的常用手法。此外，在大尺度的风景区中，常可利用山路转折、坡度变化（如连续上坡后突然下坡）和建筑亮相的突然性达到同一目的。至于特殊的动觉体验，如敦煌鸣沙山的沙坡下滑（图 2-2）、华山的攀登天梯（图 2-3）、探索溶洞等，更是多种多样，不胜枚举。深刻的动觉体验，如峨眉山九十九道拐，还可成为风景区的重要特色之一。

图 2-2　敦煌鸣沙山的沙坡

图 2-3　华山的天梯

5）温度和气流

人对温度和气流也很敏感，盲人尤其如此，检测窗户的气流和南墙的辐射是盲人借以定向和探路的重要手段。在城市中凉风拂面和热浪袭人会造成完全不同的体验，其中，热觉对人的舒适感和拥挤感影响尤其明显。风景园林中要尽可能为人提供夏日成荫、冬日向阳的场所，并努力消除温度和气流造成的不利影响。例如，不应在室外铺设大面积（如广场）的硬质地面，因为它们为西北风肆虐、毒日头逞威提供了地盘；冬季临街高层建筑底层的狂风给行人带来不少困难，改进建筑总体布局、妥善处理步行道设计并设置导风板是可行的解决办法；高墙阴影中的小巷和炎热无风的街道形成强烈的热觉对比，会遏阻居民上街从事正常活动，也应引起设计人员的重视。

2.2　景观生态学

2.2.1　景观生态学的内涵

"景观生态学"（Landscape Ecology）一词是由德国著名的植物学家 C. Tro 在利用航空相片研究东非土地利用问题时，于 1939 年首先提出来的。但要形成一个学科仅有一个名词是不够的，它必须具备自己的理论基础以及研究方法、对象和任务，以确立其在整个科学体系中的地位。这些问题在文献中得到了很好的回答，根据 Richard Forman 和 Michel Godron 的定义，景观生态学主要研究异质地表结构、功能和变化。作为中国景观生态学奠基人之一的肖笃宁则认为景观生态学是新一代的生态学，生态学的研究范围由生物种群、群落、生态系统到景观和区域，不断扩大研究的尺度，这表明由微观走向宏观是生态学的一个发展趋势。传统生态学是生物生态学，以生物为中心；地理生态学强调地理环境的生态功能和效应；景观生态学则强调以无机环境为基础，以生物为中心，以人类为主导，正确处理天、地、生、人、文的相互关系。

目前随着系统理论、生物控制理论以及遥感和电子计算机技术的发展，景观生态学作为生态学的一个新的、快速发展的并在实践中有多方面应用的分支，在国土整治、资源开发、土地利用、生物生产、自然保护、环境治理、区域规划、城市景观、规划建设、园林绿化、旅游发展等领域都大有可为。景观生态学是地理学与生态学交叉形成的学科，它以整个景观为对象，通过能量流、物质流、信息流在地球表层传输和交换，通过生物与非生物的相互转化，研究景观的空间构造、内部功能及各部分之间的相互关系，探讨异质性发生发展及保持异质性的机理，建立景观的时空模型。

景观生态学把景观（Landscape）定义为一个空间异质性的区域，由相互作用的斑块（patch）或生态系统组成，以相似形式重复出现。景观是由景观元素（Lanscape Element）组成。景观元素是地面上相对同质的生态要素或单元，包括自然因素或人文因素，可以视之为生态系统。景观的这一定义尤其适合于土地利用规划，其中自然与人文因素并重的共同特点，使之能非常恰当地应用于城市景观恢复中。景观生态学中的"模地""廊道""网络""节点"等概念为城市园林绿化系统的整体描述提供了手段，把园林绿化与整体的城市景观结合起来，赋予了其新的内涵。城市绿地系统作为第三产业，其再生产本质是人类利用植物资源的光合作用能力和城市土地资源的营养、承载能力，通过转化和固定太阳能，改善城市生态环境，提供生活、游憩空间，美化城市风貌。而风景园林也根据该观点来布置点、线、面、绿地，在风景园林中充分体现了景观生态学的理念。

2.2.2 斑块-廊道-基质模式

1. 斑块

斑块（patch）是一个在外表上与周围环境具有明显差异的非线形地表区域，邬建国等（1992）把斑块定义为："依赖于尺度的、与周围环境（基质）在性质或外观上不同的空间实体"，空间非连续性和内部均质性是斑块的最基本特征（图 2-4）。在城市研究中，在不同的尺度下我们可以将整个城市建成区或者一片居住区看成一个斑块。例如，在对天津老城厢的空间分析中，与周围的民居建筑具有不同空间肌理的特色文化场所可被认定为斑块，而在对天津城区的大尺度观察下，斑块则由空间结构相对独立的功能分区所组成，这些功能区的经济结构、运作方式的不同决定了其在空间肌理上的独特性。按此原理，天津城区的斑块有历史风貌斑块、工业斑块、园林斑块、商业及服务设施斑块等。

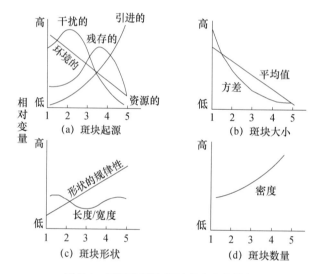

图 2-4　不同发展阶段景观中斑块特征
1—自然景观；2—管理景观；3—种植景观；4—郊区景观；5—城市景观

2. 廊道

廊道（corridor）是城市空间中的线型要素，是不同于两侧相邻基质的一种特殊的带状要素类型。廊道一方面将景观不同部分隔开，另一方面又将景观另外某些不同部分连接起来。廊道最显著的作用是运输功能，它还可以起到空间类型保护与延续的作用，成为城市空间的发展轴。根据廊道的起源、人类的作用及城市空间的类型，可将廊道分为 3 类：线状廊道、带状廊道及河流廊道。在景观生态学的城市研究中，通常分为蓝道（blue way）——河流水道等，绿道（green way）——林荫道等，灰道（gray way）——街道公路等。

3. 基质

基质（matrix）是景观镶嵌内的背景生态系统或土地利用类型，具有面积大、连接度高和对景观动态具有重要控制作用等特征，是城市景观中最广泛连通的部分。如果我们将城市建成区看成一个斑块的话，广泛的自然就是其基质，这种关系有点像格式塔心理学的图底关系，以城市建成区为图，自然为底。由于景观结构单元的划分总是与观察尺度相联系，所以斑块、廊道、基质的区分往往是相对的。如果更详细地对城市空间进行分析，具有相同肌理和类似内在结构的较大面积的城市空间可以被认为是基质，在城市空间中具有特殊功能和形式的功能空间可被相应地认为是斑块。基质的变化能够最直观地反映出城市功能与结构的变化。例如工业时代的基质常常表现为高密度、大体量的建筑空间，表现出城市与自然的对立；而信息城市的基质表现为具有生态美的建筑组群，建筑与自然完美结合，表现出人与自然的和谐统一。

2.2.3　因子分层叠加的生态规划方法

因子生态学理论流行于 20 世纪 60 年代（Davies，1984），主要应用于城市居住结构分析。在因子分析中所应用的大多数变量是为了计算居住分异强度及居住分布的空间格局，在不同的城区所运用的因子生态学技术略有差别，主要体现在变量的选取与统计方法的确定方面。因子生态学分析方法是依靠多元统计技术方法来实现，其中主成分分析、因子分析、对应分析是城市研究中最常采用的多元统计技术方法。因子生态学方法作为量度城市空间差异的主要方法之一，在分析社会、经济、人口和居住特征的关系时，起到了归纳总结的作用。随着计算机技术的应用和计量地理学的发展，城市领域内因子生态学的研究更加方便实用，逐渐形成了可靠的、有效的和高水平的城市空间布局结构的归纳总结方法。

2.2.4　景观安全格局

景观是由大大小小的斑块组成（基质和廊道均可看成是形态迥异的斑块），景观格局即为景观斑块在空间上分布的总体样式和布局。它是景观发展过程的产物，同时又对景观发展过程产生重大作用，主要表现为景观格局影响斑块间能量、物质的流动和信息传递等。

1. 景观的完整性（integrity）

生态完整性是一组与系统的结构、功能和能力相关因素的组合格局，可维持本身以近于最佳完好状态进入未来。创建此概念的生态学家 Karr（1996）将具有生态完整性的系统定义为：它是具有自然、物理和化学过程，并"能支撑和维持平衡的、整体化的、有适应能力的生物系统，该生物系统具有完整的、在一定地区的自然栖息地内所有的基因、物种、集群（assemblage）等级别的要素和突变（mutation）、种群统计（demography）、生物交互作用、养分和能量动态以及 meta-种群过程等过程的要素"。生态学家 Forman（1995）则将完整性作为四种生态特征——生产力、生物多样性、土壤和水（其中每种特征都能定量测量）的近乎自然水准的组合。

景观是一组生态系统有规律的布局，并由能流、物流和信息流连接起来的一个系统。因此，它本身就以其完整性来维持其所具有的功能。它与人类的健康一样，如果完整性受到破坏或干扰，景观的功能发挥也就受到影响。因此，可将景观的完整性定义为：景观是具有自然、物理和化学过程，能支撑和维持平衡的、整体化的、有适应能力的生态系统，并具有保持自然等级系统的各要素（基因、物种、种群）和过程（能量、物质和信息流的交换、动态变化）的能力，其表现为具有较高生产力、生物多样性丰富、土壤质量优良，并能提供清洁的水（James，1996；Forman，1995）等特性。然而，这个定义表示的只是自然景观的状态，而实际上没有受到任何干扰的自然景观在地球上已经不多了。因此，在实际工作中，对完整性的景观只能作相对的理解，更多的则是把完整性景观看成是完整性和较少完整性景观的连续体。如研究整个流域景观，河流的上游当作完整性景观，而中、下游若受污染较少，这样整个流域就可看成是完整性景观。完整性景观实际上是一个参照物，以此来分析研究景观的状况，并能采取必要的措施对受损景观进行修复，以达到景观完整性的目标。

2. 景观的整体性（holism）和异质性

1）整体性

基于系统论观点，景观是一个复杂的整体，因而景观整体系统大于各组成部分之和（Naveh and Lieberman，1990；Antrop，1997）。整体性涉及景观极其复杂的结构，具体分析起来相当困难。景观整体性的研究最初是由航片的解译而出现的，Troll 称它为"景观生态学高级阶段的航片解译"。因为航片作为一种有价值的手段，描述了景观复杂结构的整体观。整体性作为一种生物-哲学理论（bio-philosophical theory），初始于19世纪早期的自然主义者（naturalist）（Antrop and Eetvelde，2000）。就像一个健康的人一样，景观不是以其中的某一或某些组分与环境发生相互作用，而是以景观整体与环境发生相互关系。因此，就存在这样一个现实，即受环境影响，只要景观中某些组分发生改变，将带来整个景观的变化，最有说服力的是淡水生态系统受到周围土地利用改变的影响。虽然污染只是从淡水生态系统的边缘开始，但很快便会致使整个淡水生态系统发生变化。以云南滇池为例，滇池的污染负荷城市生活污水占一半以上。自1992年以来，流域内的人口以1%～7%的速度增加，1980年流域人口156万人，滇池水质Ⅲ类；1990年流域人口185万人，滇池水为Ⅳ类；至2000年人口217万人，水质为劣Ⅴ类。究其原因是人口增加所引起的城市土地利用面积的扩大对原有景观格局的改变和污染所致。了解景观的这个特性，对人类的土地利用开发有重要的指导意义。它告诉我们对自然景观的开发应慎重行事，稍有不慎，局部的破坏就可能带来景观整体退化，尤其是对一些脆弱性较高景观的开发更要注意。如我国的"三江源"地区，属于长江、澜沧江和黄河的发源地，原是世界上海拔最高、面积最大、湿地最为丰富的地区，素有"江河源""亚洲水塔"之称。不但具有世界上高海拔地区最显著的生物多样性特征，被誉为高寒生物自然种质资源库，而且还具有独特而典型的高寒生态系统，为中亚高原高寒环境和世界高寒草原的典型代表。区内植被类型有针叶林、阔叶林、针阔混交林、灌丛、草甸、草原、沼泽及水生植被、垫状植被和稀疏植被等9个植被型，可分为14个纲、50个群系。另有国家二级保护植物油麦吊云杉、红花绿绒蒿、虫草3种，列入《国际贸易公约》附录Ⅱ的兰科植物31种，青海省级重点保护植物34种。野生动物有兽类85种，鸟类237种（含亚种为263种），两栖爬行类48种。国家重点保护动物有69种，其中，国家一级重点保护动物有藏羚、野牦牛、雪豹等16种，国家二级重点保护动物有岩羊、藏原羚等35种。此外，还有省级保护动物艾虎、沙狐、斑头雁、赤麻鸭等32种。但近几十年来，三江源头景观却发生巨大的变化，局部的滥垦乱伐、冬虫夏草的滥挖、无序的黄金开采等人为干扰活动，再加上全球的气候变暖，致使源区众多江河、湖泊和湿地面积缩小、干涸，沙化、水土流失的面积不断扩大。因此，整个景观的荒漠化和草地退化问题日益突出，已有大面积的草地和近一半的森林资源受到破坏。

2）异质性

景观内部的组分、要素的属性、斑块镶嵌以及功能均存在巨大差异，并随时间发生变化，这种景观空间结构和特征以及功能的变异程度，通常用异质性来表征，可分为：（1）空间异质性：景观在空间上表现的复杂性和变异性。这取决于观察的尺度，尺度增大，景观的均匀性增强，异质性下降；尺度减小，异质性增强，均匀性下降。景观的空间异质性由斑块的类型数、其所占的比率、斑块的形状、空间布局以及邻接状态所决定。（2）时间异质性：景观系统某一点上景观结构和要素在不同时间的量度，即通常意义上的景观动态。（3）功能异质性：表现为生物个体、物种、种群和生物群落在景观内分布上的差异。如农田中的小块林地为鸟类的聚集提供了栖息地和庇护所，其分布的数量远高于耕地内部，这种功能的异质性有助于生物多样性的形成。

3. 景观多样性

景观多样性与景观异质性是既有联系又有区别的两个不同概念。景观多样性表征的是不同景观间的差异，是指景观单元在结构和功能方面的多样性，多用于不同景观间的比较。如结构上的类型多样性［丰富度（richness）、均匀度（evenness）和优势度（dominance）］、斑块多样性（斑块的数量、大小、形状，破碎度、分维数）、格局多样性（聚集度、连接度、连通性、蔓延度）等。

4. 景观网络

廊道的交叉形成网络，这是景观中由节点（斑块或景观单元）和廊道形成的结构形式。网络的主要功能在于实现节点的可接近性，使物种流能迅速从源达到汇，以减少路途过程中能量的消耗，降低捕食者袭扰的概率。但是网络的功能远比此更为复杂。如农田中道路两侧的林带只能起隔离的作用。可是，农田中的防护林网络却可起到保持土壤养分、减少土壤水分散失、防止水土流失、降低作物的病虫害等多种功能。景观系统内廊道与所有节点的连接程度叫作网络的连通性，通常用连通性（γ）和环通度（α）表示。

1）连通性

连通性 γ 表示连接线数与其最大可能的连接线数之比，计算公式如下：

$$\gamma = \frac{L}{L_{\max}} = \frac{L}{3(V-2)}$$

式中：L—连接线数，$L_{\max}$—最大可能连接线数目，V—节点个数（若 V＝3，最大可能连接线数目为 3。不形成交叉点，每增加一个节点，最大可能连接线数增加 3 条）。γ 可从 0（网络内各节点互不相连接）变化到 1（网络内每个节点均与其他节点相连接）。

2）环通度

环通度 α 表示网络中连接现有节点环路存在的程度，即网络中实际环路数与最大可能环路数之比。计算公式如下：

$$\alpha = \frac{L-V+1}{2V-5}$$

式中：L—连接线数，V—节点个数，L－V＋1—实际环路数。当连通性最小或无环路网络（没有孤立的或不被连接的节点）的连接线数较节点数少 1 条时。如果对无环路网络增加 1 条连接线，则有 1 条环路形成。反之，若有环路，则 $L>V-1$。网络现有连接线数减去无环路网络的连接线数，即为网络实际出现的环路数（$L-V+1$）。$2V-5$ 为最大可能环路数，表示为最大可能的连接线数［$3(V-2)$］减去无环路网络的连接线数（$V-1$）的差值。α 指数同样变化在 0（网络无环路）和 1（网络具有最大环路数）之间。

2.3　人居环境与风景园林

　　环境一般包括社会环境、自然环境和人工环境。社会环境主要由人构成，文化是其核心要素；自然环境指山水、树木等自然物质形态以及风、霜、雨、雪等自然现象；人工环境指以建筑为主体的人工构筑物和建筑物构成的环境，它是风景园林构成的主体。从人们对环境开发利用改造的角度来分析，景观可分为自然景观和人文景观，而社会环境中的人文景观则是一个较为抽象的概念。而风景园林主要是运用科学和艺术的方法，研究风景园林环境景观的艺术创作与设计，自然景观与人文景观设计是风景园林的主要对象，它涉及建筑学、城市规划学、城市设计学、历史学、美学、心理学等学科知识，甚至宗教信仰等方面的内容。

2.3.1　人居环境的概念与主要内容

　　人居环境规划设计主要是对人们日常生活起居环境进行的风景园林，它侧重于考虑如何规划创造更为适合的人居环境，与人们的日常生活和行为有着密切的关系。人们日常起居和休息的大部分时间都在自己的家里，居住环境对于人的重要意义毋庸质疑。对人居环境的重视，无论中外，历史由来已久，过去皇家贵族对城堡、庄园的修建无不显示出他们对人居环境的重视。随着时代的发展，人们的生活水平得到普遍提高，追求理想的、舒适的人居环境已成为大众对居住环境的普遍性需求。

2.3.2　人居环境与风景园林的关系

　　在当今时代，人们不再满足于把个人家庭依自己的喜好和生活习惯进行室内装修，人们已开始关注户外的外部环境设计能给人们提供怎样一种生活。在人居环境规划与风景园林中，除了为个人需求而设计的居住环境（如私家庄园、别墅）主要依据投资方和设计师对于住宅小区的规划和设计构想以外，一般而言，人居环境规划设计会涉及整体景观形象设计、日常户外场地设施的使用和环境绿化三个主要方面。

　　对于居住者来说，室外的人居环境首先应该是一处可方便使用的公共场所，这种公共场所既可向住户提供开放的公共活动场地，也可满足住户个人的相对私密的空间需求。住宅区的公共场所要有适合人闲庭信步的景观环境、方便的服务设施，能提供人与人之间精神交流和运动的场所。

　　从创造适宜的生态环境考虑，人居环境规划需要注重以下一些因素：分析居住区的朝向和风向；考虑建筑单体、群体、园林绿化对于阳光与阴影的影响，规划阳光区和阴影区；最大限度地将住宅地面作为景观环境用地；充分发挥住宅区旁的园林作为人们休闲的场所及居住宅周边背景环境的有利因素，如借景远山或引水入区，创造具有山水特色的自然环境；从人居环境公共空间的使用规划来考虑，则要注意居民动态活动和静态休息不同场所的设计；注意开敞空间和半开敞空间的合理结合以及立体化空间处理手法的运用。

全球环境不同程度的恶化成为普遍现象，利用绿化来保护环境是一条行之有效的措施。提倡绿色的生存居住环境，使得景观绿化设计在人居环境规划中的运用日益普遍。从使用功能来说，景观绿化包括公共景观绿化、防护景观绿化以及形象景观绿化等。在景观绿化中，有如下原则可以参考：以生态学理论为指导，尽量改善和维护居住区生态平衡；以软质景观（花草树木、水体、阳光、土地）造景为主，以硬质景观（园林构筑、环境雕塑）造景为辅，充分发挥植物本身的功能，形成有特色的植物景观；以园林绿化的系统性、生物发展的多样性、植物造景的主题性为表现手法，形成建筑的空间布局与景观环境绿化空间布局的相互制约和协调的关系。

2.4　景观视觉分析

任何一个复杂的物体都是由若干个简单物体构成的，人们对于景观形象的感知需要通过视觉、听觉、嗅觉、触觉等人的各种感觉器官感受的记忆和经验，再经过大脑的整理最终形成有意识的认知，而在各类感觉器官中，视觉信息约占感知总量的 85%，因此景观的视觉形象在整个风景园林中具有举足轻重的作用。

2.4.1　景观视觉分析的内涵

景观视觉形象的基本元素有点、线、面、体，所有的景观形态都是由这些基本元素组成的。

1. 点

点是造型设计中最基本的要素，风景园林中作为造型要素的点，是一种感知的形象。点有各种各样的形态，有规则性和不规则性的。点越小，特征越强；点越大，越接近于面或体的形态。点的间隔排列可以形成井然有序的美感，依据水平或垂直方向有机的排列可以形成静态的点的组合；相反，点沿着斜线、曲线排列时，则形成动态的构成形式。在风景园林中，合理地运用点的大小、多少、聚散、连接和不连接等变化，可以形成有节奏、有韵律的构成形式。

2. 线

当点被移动或运动时，就形成了线。线有直线和曲线两大基本类型，直线具有果断、明确、坚定、理性的特点，而曲线则更具柔和、优雅、含蓄的美感。线在风景园林中广泛用于边界划分、空间分隔等。风景园林中线有虚和实两种形态，虚线可以是想象的，但对景观元素的秩序感有引导作用，而实的线更多是表示景观场所或元素的边缘。

3. 面

面是一个二维的概念，面的形象非常丰富，它可以是平的，也可以是起伏的或扭曲的。概括起来，面可以分为几何形、有机形和偶然形三种类型。几何形是指比较规则、制作方便的形态，基本的形式有方形、圆形和三角形；有机形是指自然界有机体中存在的柔和的、轻松的、曲线性的和无规律的形态；偶然形则是指应用特殊技法和材料或偶然的效果意外获得的天然形态。在风景园林中，面的理解不仅仅局限于平面的各种形态，通常把具有相同基质的景观作为一个面，因此面可以是具体的，也可以是抽象的。

4. 体

体是物质存在的状态或形状，是由许多面组合而成的。风景园林中建筑、地形、树木等都是以"体"的形式出现在人们的视觉中，不同形状的实体是构成风景园林的主要元素。体的作用主要有两种：一是形成立体的造型，比如廊、桥、亭子、树木、花池等；二是通过实体的围合形成空间，如人们休息的广场、行走的道路等。

2.4.2 景观视觉分析的应用

从建筑学的角度来看，围合空间的三个界面是指底界面、垂直界面、顶界面，并以此手段形成了具有明确的范围与形式和限定意义的建筑空间，而景观空间则类似于没有顶界面的建筑空间，因此，景观空间中存在或表现出的界面主要有底界面、垂直界面。以下以围合空间的界面组合的不同形式为主要线索来分析景观空间的基本类型。

围合是空间的本质，渗透是丰富空间的手段，尽管空间是由围合而成的，但是如果仅是围合空间将是封闭和不流畅的，并会给使用者在心理上产生沉闷之感。考虑功能和空间形态方面的因素应适当减弱空间的围合度，使人在视觉上看到空间的转换和延伸，给使用者在心理上有疏朗的感受。

1. 按照空间围合的程度

景观空间可以分为较封闭、开敞和狭长空间三种类型。在进行风景园林设计时，根据具体功能要求并结合整体景观空间形态方面来综合考虑，三种类型的空间组合穿插，可丰富空间的变化和增加空间的层次感，并可有序地组织景观环境的视景展开。

景观空间的闭合和开敞方式的形成，主要依赖于底界面，垂直界面的物理围合程度（空间的限定性），亦来自人对空间形态的心理和视觉感受。在景观空间中，从较宏观的层面来考究的话，底界面相对是恒定的，影响景观空间围合程度的决定性因素主要在于垂直界面。尽管底界面同样具有划分和限定空间领域的作用，但垂直界面在人们的常规视角的视野中比底界面出现得更多，更有助于限定一个离散的空间容积，为其中的人们提供围合感与私密性。

2. 按形状的类型

设计是一种图式语言，各种几何形态是这种语言的词汇，风景园林亦不例外。不同几何形态的景观空间因为特性各不相同，在进行风景园林设计时也有不同的特点。按形状分类的主要依据在于景观空间的底界面在平面两个向度上的几何特性，这时，景观空间依其不同几何形态可分为方形景观空间、圆形景观空间、锥形景观空间、不规则景观空间和复合景观空间等。在各种几何形态中，方、圆属于最基本的几何原形，其他的几何形态都来源于这两个原始形状。方、圆两原形，沿对角线分割，产生等腰三角形和半圆形，再由这两个过渡形分别向两原形过渡，可以产生十二个几何形。在古代的益智图图式中，可以看出有十五个形是以方、圆形为基础的，方、圆形结合中间形加减和综合会变化出无数的形状。

2.4.3 景观视觉秩序分析方法

一个完整的景观空间是由若干相对独立的空间组合而形成的，不同的使用功能、交通流线功能对景观空间组合形式有不同的要求。所谓"使用功能",可以理解为户外空间为满足人的各类活动而提供的专门场所,这些专门场所使功能成为可见的形式,人在户外空间中的活动不是盲目的、偶然的,而是有目的、有组织、有秩序的行为。因此,活动发生的先后顺序以及各类活动之间的相互连接所形成的流线,是景观空间的组织依据。

人对户外空间的认识不是在静止状态下瞬间完成的,只有在运动中、在连续行进的过程中,从一个空间进入另一个空间,才能看到它的各个部分,形成完整的印象。因此,我们对空间的观看不仅涉及空间的变化因素,也涉及时间的变化因素、空间的序列问题,要将空间的组织、排列与时间的先后顺序有机地统一起来,只有这样才能使观看者不仅在静止的状态下获得良好的视觉效果,在运动的状态下同样能获得良好的视觉效果。对于景观空间,主要可以从事件的秩序(功能因素)和形式的秩序(美学因素)两个不同层面来进行规划与组织。

1. 事件的秩序(功能因素)

有两种主要组织方式:

1)根据事件的先后顺序安排空间秩序

它突出强调空间的轴线关系,把同类事件与空间序列有机地结合在一起,空间的形态经过垂直界面的分隔与围合,形成几个收放的过程,造成起伏、跌宕的效果,增强了视觉上的感染力,这样的空间秩序把事件与空间有机地结合在一起。如罗斯福纪念公园,通过按时间先后顺序展开的四个主要空间及其过渡空间来表达对罗斯福总统长达12年的任期的叙述。蜿蜒曲折、情感融入的花岗岩石墙、瀑布、雕塑、石刻记录了罗斯福最具影响力的思想语录,并且用众多的事件从侧面反映了那个时代的社会和精神,以此展现对罗斯福总统的纪念。

2)根据事件的相互关系安排空间序列

它强调事件的共时性以及由某一事件连带的其他事件,适于把不同类型的活动组织在相对独立的空间中,以避免相互间的干扰,同时各空间又保持着一定程度的连通。如扬州个园以艺术化的手法将春夏秋冬四季超越时空同时展现在游人面前。

2. 形式的秩序(美学因素)

一个成功的空间序列,除了能较好地适应功能要求之外,还应具备美学上的一些特征。只有按照美的规律组织起来的空间序列,才能达到形式与内容的统一。因此,在考虑事件秩序的同时,还要考虑形式的秩序,美的空间秩序产生于对立因素的统一中。在一个完整的空间序列中,应该有主有次、有起有伏、婉转悠扬、节奏鲜明。所谓"主次""起伏"是指在空间序列中,应该包含空间形态、体量上的对比与变化、重复与过渡,对比产生起伏、重复产生节奏等。同样,在景观空间的设计中,要运用好空间构成的规律,如空间的对比、空间的围透、空间的组合等。

2.4.4　风景园林的赏景

风景园林赏景是一种以游赏者为审美主体,以园林景观为审美客体的审美认识活动,要想对风景园林艺术效果有明确的认识,并规划设计出理想的风景园林作品,首先应该懂得如何赏景。风景园林的游赏是十分随意自由的审美活动,园林多样变化、自然生动的艺术特性使得游人在欣赏园林景观时会采取不同的游览方式，或走或停，或仰或俯。不同的游览方式，对景观就有不同的观赏效果，从而也给人以不同的景观感受，因此，必须要掌握游览观赏的规律。园林赏景，可以用"游园先问，远望近观，动静结合，情景交融"十六个字予以概括。

1. 赏景的视觉规律

游人赏景主要是通过视觉来欣赏，即所谓观景。无论俯仰、动静，游人都要有一个观赏位置，从而也确定了与景物的相对距离关系，游人在观景时所处的位置称为观赏点或视点，而观赏点与被观赏景物之间的距离，称为观赏视距。由于人的视觉特点的影响，观赏视距适当与否与观赏的艺术效果关系很大，通过分析人的视觉特点和规律，可找出适合的视距范围。

1）景物观赏点

观赏点的设置是最佳赏景效果的前提，一般安排在主景物的南向。景物坐北朝南，不仅可以争取到好的采光、光照、背风，而且为植物生长创造良好条件。以苏州古典园林为例，厅堂往往是全园主要的观赏点，而且园主常常在此进行宴客、娱乐活动。厅堂多布置在主要园景的正面，隔水对山、对景而立。留园的"涵碧山房"、沧浪亭的"见山楼"、拙政园的"远香堂"，这些厅、堂都是坐南向北，而主要景物、建筑景观坐北而朝南，而不至于使景物坐南朝北，终日处于受阴无光的环境，影响景观质量。

观赏点（图 2-5）与被观赏的景物之间的位置有高有低，高视点多设于山顶或楼上，这样可以产生鸟瞰或俯瞰效果，登高望，纵览园内和园外景色，可获得较宽幅度的整体景观感觉。低视点多设于山脚，水边的亭、榭、旱船、山洞底部，上仰飞檐挑梁、假山洞、悬崖，从而产生高耸、险峻的园景。观赏点与景物之间高差不大，将产生平视效果，一般感觉平静、舒适。观赏点的位置可进可退，游人可以登山、登塔、登楼俯视或鸟瞰，也可乘船、濒水、涉溪而仰视，或境处于开朗空间，或境处于聚敛空间；或宏观全景，或细察精微。

图 2-5　景物观赏点

2）识辨视距

正常人的清晰视距离为 25～30 米，明确看到景物细部的距离为 30～50 米，能识别景物的视距为 250～270 米，能辨认景物轮廓的视距为 500 米，能明确发现物体的视距为 1300～2000 米，但这已经没有最佳的观赏效果了。至于远观山峦、俯瞰大地、仰望太空等，则是畅观与联想的综合感受，利用人的视距规律进行布局，将取得事半功倍的效果。

3）最佳视阈

人在观赏景物时，有一个视角范围，称为视阈（或视场）。人的正常静观视阈，垂直视角为 130°、水平视角为 160°。但按照人的视网膜鉴别率，最佳垂直视角小于 30°、水平视角小于 45°。

4）适合视距

在这里，建筑师认为，对景物观赏的最佳视点有三个位置：即垂直视角为 18°（景物高的 3 倍距离）、27°（景物高的 2 倍距离）、45°（景物高的 1 倍距离）。景物高的三倍距离，是全景最佳视距；景物高的两倍距离，是景物主体最佳视距；景物高的一倍距离，是景物细部最佳视距。

当景物的高度大于等于其宽度时，适合视距按公式：$D=3.7(H-h)$ 计算，此处 H 为景物的高度，h 为人视线的高度，D 为景物到人的距离。粗略估计，大型景物，适合视距约为景物高度的 3.5 倍；小型景物，则适合视距约为景物高度的 3 倍。

2. 观赏方式

1）动态观赏与静态观赏

赏景的方式有动静之分，平时所说的游息就包含了动静两种赏景方式，游是指动态观赏，息则是指静态观赏，游而无息使人筋疲力尽，息而不游又失去游览意义。一般园林布局时应从动与静两方面的要求来考虑，实际上，观赏任何一个园林，动和静的欣赏不能完全分开，往往动静结合，大园宜以动观为主，小园宜以静观为主。在总体布局时，既要考虑动态观赏下景观的系统布置，又要注意布置某些景点以供游人驻足进行细致观赏。如游览杭州西湖，自湖滨公园起，经断桥、白堤至平湖秋月，一路均可作动态观赏。湖光山色随步履前进而不断发生变化，至平湖秋月，在露台中停留下来，依曲栏远眺三潭印月、玉皇山、吴山和杭州城，四面八方均有景色，或近或远又形成静态画面的观赏。离平湖秋月继续前行，左面是湖，右面是孤山南麓诸景色，又转为动态观赏，及登孤山之顶，在西泠印社中，居高临下，再展视全湖，又成静态观赏。离孤山继续前行，又是动态观赏，至岳坟后，再停下来，又可作静态观赏。再前则为横卧湖面的苏堤，中通六桥，春时晨光初起启，宿雾乍收，夹岸柳桃，柔丝飘拂，落英缤纷，游人漫步堤上，两面临波，随六桥之高下，路线有起有伏，这自然又是动态观赏了。但在堤中登仙桥处，布置花港观鱼景区，游人在此可以休息，可以观鱼观牡丹、三潭印月和西山诸胜，则又是静态观赏了。

2）俯视、平视、仰视的观赏

根据视点与景物相对位置的远近高低变化，可以将赏景方式分为平视、仰视和俯视三种。居高临下，景色全收，是俯视；在平坦草地或河湖之滨进行观景，景物深远，多为平视；有些景区险峻难攀，只能在低处瞻望，有时观景无后退之处只能抬头，这是仰视。在园林布局中往往为游人创造各种视景条件，以满足不同的观赏需要。

平视、俯视、仰视的观赏，有时不能截然分开，如登高楼、峻岭，先自下而上，一步一步攀登，抬头观看是一组一组仰视景物，登上最高处，向四周平望而俯视，然后一步一步向下，眼前又是一组一组俯视景观，故各种视觉的风景安排，应统一考虑，使四面八方高低上下都有很好的风景观赏，又要着重安排最佳观景点，让人停息体验，如北海静心斋北部景区地形变化较大，人在其中可借视高的改变而获得不同角度的观景效果。

【思考与练习】

1. 满足人需要的风景园林应该注意哪些方面？
2. 人对景观空间的认知包括哪些方面？
3. 试分析风景园林中景观生态学的内涵与重要性。
4. 简述人居环境与风景园林的关系。
5. 列举风景园林中景观视觉分析的要点及应用方法。

第3章

风景园林规划设计的构成要素

3.1 地　　形

"地形"是"地貌"的近义词，意思是地球表面三度空间的起伏变化，简而言之，地形就是地表的外观。从自然风景的范围来看，地形主要包括山谷、高山、丘陵、草原以及平原等复杂多样的类型，这些地表类型一般称为"大地形"。从园林的范围来讲，地形主要包含土丘、台地、斜坡、平地，或因台阶和坡道所引起的水平面变化的地形，这类地形统称为"小地形"。起伏最小的地形称为"微地形"，它包括沙丘上的微弱起伏或波纹，或是道路上的石头和石块的不同质地变化。总之，地形是指外部环境的地表因素。

在风景园林中，地形有很重要的意义，因为地形直接联系着众多的环境因素和环境外貌。此外，地形也能影响某一区域的美学特征，影响空间的构成和空间感受，也影响景观、排水、小气候、土地的使用，还会影响特定园址中的功能发挥。地形还对其他自然设计要素如植物、铺地材料、水体和建筑等的作用和重要性起支配作用，所以，风景园林所有的构成要素和景观中的其他因素在某种程度上都依赖地形并与地面接触和联系。因此，景观环境的地形变化，就意味着该地区的空间轮廓、外部形态，以及其他处于该区域中的自然要素的功能的变化。地面的形状、坡度和方位都会对与其相关的一切因素产生影响。

3.1.1 风景园林的山水与文化内涵

人们通常把自然风景称为山水，把观赏自然风景称为游山玩水，把对自然风景的赞美诗冠以山水诗，把描绘自然风景的国画名为山水画，把人工叠山理水的园林品为写意山水园，这是中国特有的山水文化现象，从审美的角度看，山水确实是风景中不可缺少的要素。

谈到山水在园林中的地位和作用，有人说，山是园林的骨架，水是园林的灵魂。也有人说，山石是园林之骨，水是园林之血脉。总之，园林离不开山，也离不开水（图3-1）。

《画论》云："水令人远，石令人古""胸中有山方能有水，意中有水方许作山""地得水而柔，水得地而刚""山要回抱，水要萦回""水因山转，山因水活"等，明确指出叠山、理水是不可分割的两位一体。

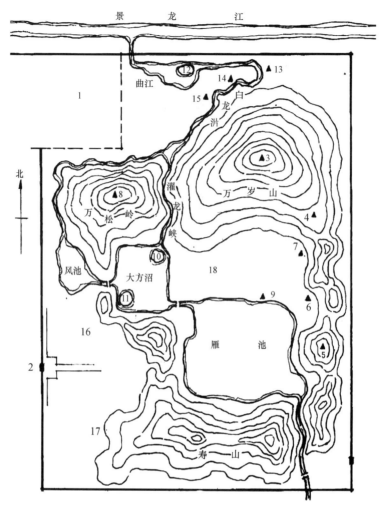

图 3-1　北宋艮岳的山水

3.1.2　地形的作用

1. 改变立面形象

山水园林在平地上应力求变化，通过适度的填挖形成微地形的高低起伏，使空间富有立体化而产生情趣，从而达到引起观赏者注意的目的。利用地形打造阶梯、台地也能起到同样的作用，并通过植物配合加以利用，如跌落景墙、高低错落的花台等，尤其在入口，地形高差的变化有助于界限感的产生。

2. 合理利用光线

正光下的景物缺乏变化而平淡，早晨的侧光会产生明显的立体感；海边光线柔和，使景物软化，有迷茫的佛国意境；内陆的角度光线会使远物清晰易辨，富于雕塑感；光线由下向上照射，具戏剧效果，清晨、傍晚以及夜晚中的建筑、雕塑、广场等重点地段借此吸引人流。留出光线廊道，或有意塑造山坡山亭，造成霞光、晨光等逆光效果，或假山、空洞的光孔利用，都将使得人们体会到不同寻常的园林艺术感受。

3. 创造心理气氛与美学功能

古代的人们居于山洞，捕捉飞禽走兽，采果伐木，都离不开依山傍水的环境。山承担着阳光雨露，风暴雷霆，供草木鸟兽生长，使人以之为生而不私有。因此，历代人士对山有很高的评价，有"仁者乐山"之说，将江山比作人仁德的化身，充满了对山的崇拜。尽管后世对山由崇拜转为了欣赏，它带给人们的雄浑气势和质朴清秀一直仍是造园家所追求的目标。在城市里，从古代庭院内的假山到现代公园里常用的挖湖堆山，无不表明地形上的变化历来都对自然气氛的创造起着举足轻重的作用。因此，风景园林中，要提倡追求自然，打破过于规整呆板的感觉，可以在重点地方强调高下对比，尽量做好对微地形的处理。地形的起伏不仅丰富了园林景观，而且还创造了不同的视线条件、形成了不同的性格空间。

4. 合理安排与控制视线

杭州花港观鱼公园东北面的柳林草坪是经过细心规划设计而成。它位于园中主干道和西里湖之间，南有茂密的树带，东西有分散的树丛，十多株柳树位于北面靠湖一侧，形成了 50 多亩地的独立空间。湖的北面视野开阔，左有刘庄建筑群，右边隔着苏堤上六桥杨柳隐约可见湖心的"三潭印月"，北面保淑塔立于重山之上，秋季红叶如火欲燃，夏日清风贴水徐来，所有这些景色由下而上地展示着景观序列。

柳林草坪北低南高，向湖岸倾斜，柳林的先掩后露，相互配合，取得了良好的效果。这里"先掩后露"的运用，可将视线引导向某一特定点，影响可视景物和可见范围，形成连续的景观序列，从而影响观赏者和景物空间之间的高度和距离关系。

5. 改善游人感观

在大多数公园和花园里，草坪所代表的平地绿化空间所占面积最多，但在风景园林中通过坡度改变丰富地形，对园林气氛烘托、改善游人感官有着重要作用。当然，我们也不能过分追求坡度变化，除了考虑工程的经济因素外，一般 1% 的坡度已能够使人感觉到地面的倾斜，同时也可以满足排水的要求；如坡度达到 2%～3%，会给人以较为明显的印象；微地形处理，通常 4%～7% 的坡度最为常见，如南昌人民公园中部的松树草坪就是在高起的四周种植松树造成幽深的感觉；坡度为 8%～12% 时称为缓坡；陡坡的坡度大于 12%，它一般是山体即将出现的前兆。

坡地虽给人们活动带来一些不便，但若加以改造利用往往使地形富于变化，这种变化可以造成运动节奏的改变，如影响行人和车辆运行的方向、速度和节奏，可以形成屏障，遮挡无关景物，还可以对人的视域做出调整。人在起伏的坡地上高起的任何一端都能更方便地观赏坡底和对坡的景物，坡底因是两坡之间视线最为集中的地方，可以布置一些活动者希望引起注目的内容，如滑冰、健身操或者儿童游戏场地，易于家长看护。

6. 分隔空间

地形可有效自然地划分空间，使之形成不同功能或景色特点的区域，获得空间大小对比的艺术效果，利用许多不同的方式创造和限制外部空间。

7. 改善小气候

地形能够影响园林绿地某一区域的光照、温度、湿度、风速等生态因子。

3.1.3 地形的类型与坡度

对于园林的地形状态，由于涉及人们的观赏、游憩与活动，一般较为理想的比率是：陆地占全园的 2/3～3/4，其中平地占 1/2～2/3，丘陵地和山地占 1/3～1/2。

园林中的陆地类型可分为平地、坡地、山地 3 类：

1. 平地

平地是指坡度比较平缓的地面，通常占陆地 1/2，坡度小于 5%，适宜作为广场、草地、建筑等方面用地，便于开展各类活动，利于人流集散，方便游人游览休息，形成开朗的园林景观。平地在视觉上较为空旷、开阔，感觉平稳、安定，可以有微小的坡度或轻微的起伏。景观具有较强的视觉连续性，容易与水平造景协调一致，与竖向造型对比鲜明，使景物更加突出。

2. 坡地

坡地是倾斜的地面部分，可分为缓坡（坡度 8%～10%）、中坡（坡度 10%～20%）、陡坡（坡度 20%～40%）。坡地一般用作种植观赏、提供界面视线和视点，塑造多级平台、围合空间等。在园林绿地中，坡地常见的表现形式有土丘、丘陵、山峦和小山，坡地在景观中可作为焦点和具有支配地位的要素，赋有一定的仰望尊崇的感情色彩。

3. 山地

山地包括自然山地和人工的堆山叠石，一般占陆地 1/3，可以构成自然山水园的主景，起到组织空间，丰富园林观赏内容，改善小气候，点缀、装饰园林景色的作用。造景艺术上，常作为主景、背景、障景、隔景等手法使用。山地分为土山、石山、土石山等。

从地形在竖向上的起伏、塑造等景观表现可分为凸地形和凹地形（图 3-2）：

凸地形视线开阔，具有延伸性，空间呈发散状，地形高处的景物往往突出、明显，又可组织成为造景之地，当高处的景物达到一定体量时还能产生一种控制感。

凹地形具有内向性，给人封闭感和隐秘不公开感，空间的制约程度取决于周围坡度的陡峭程度、高度以及空间的宽度，如城市住区的下沉式绿地公园，下沉为公园带来了自身的小空间。

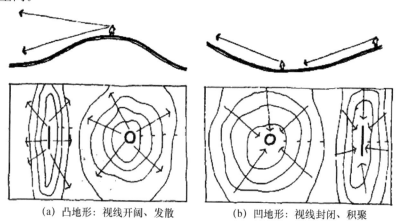

(a) 凸地形：视线开阔、发散　　　　(b) 凹地形：视线封闭、积聚

图 3-2　凸地形与凹地形

3.1.4　叠石手法与造景

人工堆叠的山称为叠山，一般包括假山和置石两部分。假山以造景为目的，体量大且集中布置，效仿自然山水，可观可游，较置石复杂。叠山置石是东方园林独特的园艺技艺。园林中置石，缘于古人出行不便而产生的"一拳代山"的念头，在厅堂院落中立以石峰了却心愿。置石常独立造景或作配景，它体量小，表现个体美，以观赏为主。

置石可分孤置、散置、群置等形式。孤置主要作为特意的孤赏之用，散置和群置则要"攒三聚五"，相互保持联系。利用山石能与自然融合而又可由人随意安排的特点减少人工气氛。如墙角往往是两个人工面相交的地方，最感呆板，通过抱角镶隅的遮挡不仅可以使墙面生动，也可将山石较难看的两面加以屏蔽，还可以用山石如意踏垛（涩浪）作为建筑台阶，显得更为自然。明朝龚贤曾道："石必一丛数块，大石间小石，然后联络。面宜一向，即不一向，亦宜大小顾盼。"

3.1.5　地形的设计表达

1. 地形改造

地形改造应注意对原有地形的利用，改造后的地形条件要满足造景及各种活动和使用的需要，并形成良好的地表自然排水类型，避免过大的地表径流，地形改造应与园林总体布局同时进行。

2. 地形、排水和坡面稳定

应注意考虑地形与排水的关系，地形和排水对坡面稳定性有较大的影响。

3. 坡度

坡度小于1％时容易积水，地表面不稳定，不太适合安排活动和使用功能；坡度介于1％～5％的地形排水较理想，适合安排绝大多数的内容，特别是需要大面积平坦地的内容，不需改造地形；坡度介于5％～10％仅适用于安排用地范围不大的项目内容；坡度大于10％只能局部小范围加以利用。

4. 地形的地貌形式

高起地形：岭，连绵不断的群山；峰，高而尖的山头；峦，浑圆的山头；顶，高而平的山头；阜，起伏小但坡度缓的小山；坨，多指小山丘；埭，堵水的土堤；坂，较缓的土坡；麓，山根低矮部分；岗，山脊；峭壁，山体直立，陡如墙壁；悬崖，山顶悬于山脚之外。

低矮地形：峡，两座高山相夹的中间部分；峪或谷，两山之间的低处；壑，较谷更宽更低的低地；坝，两旁高地围起而很广阔的平缓凹地；坞，四周高中间低形成的小面积洼地。

3.2 水　　体

3.2.1 水体的类型与特性

1. 水体的类型

1）按水体的自然形式

按水体的自然形式，可分为带状水体和块状水体。

带状水体：江河等平面上大型水体和溪涧等山间幽闭景观。前者多处在大型风景区中，后者与地形结合紧密，在园林中出现更为频繁。

块状水体：大者如湖海，烟波浩渺，水天相接。院里面将大湖常以"海"命名，如福海、北海等，以求得"纳千金之汪洋"的艺术效果。小者如池沼，适于山居茅舍，带给人以安宁静穆的气氛。在城市里，不可能将天然水系移到园林之中，需要我们对天然水体观察提炼，求得"神似"而非"形似"，以人工水面（如湖面）创造近似于自然水面的效果（图 3-3）。

图 3-3　人工湖

2）按水体的景观表现形式

按水体的景观表现形式，可分为自然式水体和规则式水体。

自然式水体有天然的或模仿天然形状的水体，常见的有天然形成的湖（图 3-4）、溪、涧、泉、潭、池、江、海、瀑等，水体在园林中多随地形而变化。规则式的水体有人工开凿成几何形状的水面，如运河、水渠、方潭、圆池、水井及几何形体的喷泉、叠瀑等。它们常与雕塑、山石、花坛等共同组景。

图 3-4　自然山水湖

3）按水体的使用功能

观赏的水体可以较小，主要是为构景之用。水面有波光倒影又能成为风景的透视线，水中的岛、桥及岸线也能自成景色，水能丰富景色的内容，提高观赏的兴趣。

开展水上活动的水体，一般需要有较大的水面，适当的水深，清洁的水质，水岸及岸边最好有一层砂土，岸坡要和缓。进行水上活动的水体，在园林里除了要符合这些活动的要求外，也要注意观赏的要求，使得活动与观赏能配合起来。

2. 水体的特征

水是最有生命力的环境要素。它总给人们一种能够孕育生命的感觉，事实也是如此，水体是人类赖以生存的资源，它养育生物，滋养植被，降低温度，提高湿度，清洁物体⋯⋯水具有可塑性、透明性、成像性、发声性。水至柔，水随性，水可静可动，水不像石材那样坚稳质硬，它没有形体，却能变幻出千姿百态。

在风景园林规划设计中：

作水面，风止时平和如镜，风起时波光粼粼；

作流水，细小的涓涓不止，宽阔的波涛汹涌；

作瀑布，落差大时气势磅礴，落差小的叠水，一波三折，委婉动人；

作喷泉，纷纷跌落的"大珠小珠"演绎着声、光、影的精彩乐章。

古波斯高原用水造园，用水渠划分田垅，开始有了喷泉；印度把波斯水渠发展成为流水、叠水和倒影水池；西班牙、意大利淋漓尽致地发挥了水的可塑性，出现各式各样的喷泉、流水、叠水、瀑布、水域雕塑，相互结合，相得益彰。静水池边洁白的女神石像，激流的海神铜像，在西方园林中屡见不鲜，多数为庭院主景，为环境带来典雅和生气。文艺复兴以来，水与雕塑结合的形式达到极致。

3.2.2　水体运用与组织

1. 水面倒影造景

计成在《园冶》中用"动涵半轮秋水"点明月光与水波的上下映照，相互烘托，浑然一体。水中的倒影还常能让人浮想联翩，如"水中月，镜中花"常被用来比喻虚幻的事物，其特殊的魅力，就在于半有半无、似实而虚的幻影中；"池中水影悬胜境"是利用倒影组织风景构图，最主要的是独具匠心布置岸边景物，如承德避暑山庄水心榭的倒影（图 3-5），就是成功的一例。三座形式各异的凉亭架于石堤之上，宛如画船凌于碧波，亭影入湖，水面因此色彩斑斓，与蓝天、白云的倒影共同组成一幅极美的图画，犹如水中别有天地，金山倒影，俨似水中宫殿，连离园约 5 千米外的棒槌峰也倒映在这幅天然图画中，令人心旷神怡，营造"不信山从水底出，却疑身在画中看"之意境。

图 3-5　承德避暑山庄水心榭的倒影

2. 水面动物造景

清澈的湖水，为创造以鱼族、水禽为主题的动物造景提供了极好的条件。苏州沧浪亭复廊东面尽头处有方亭一座，名曰"观鱼处"，俗称"钓鱼台"，三面环水，纳凉观鱼最为相宜，正如《观鱼处》所写："行到观鱼处，澄澄洗我心……濠梁何必远，此乐一为寻。"凡中国园林，在水面某处都辟有观鱼景观，如无锡寄畅园池中一侧有水榭曰："知鱼槛"；上海豫园有"鱼乐榭"，跨于溪流之上；苏州留园池水东侧有"濠濮亭"，三面环水；杭州西湖东南端有"花港观鱼"（图 3-6），都是著名的观鱼景观所在。

图 3-6　西湖"花港观鱼"

3. 水生植物造景

"绿盖红蔻塞水滨，风前雨后越精神"描写了通过种植水生植物，如何美化水面，创造出生动的园林景观，就如承德避暑山庄宽广的水面种植了荷花、菱角、芦苇等水生植物，与其他景观相配合，成为特有的审美景观，每当夏季荷花盛开时，满湖翠碧，红白相映，绿叶相间，使湖面变得五彩缤纷，如锦铺霞染；并且荷花不仅以它的物理属性美受人喜爱，更以它的精神属性美受人颂扬，因而在古代文人所构筑的私家园林中，每每受到园主的格外青睐。如苏州拙政园的主体建筑远香堂（图 3-7），有意安排在面临荷池之处，每当夏日，荷风扑面，清香满堂，取宋代周敦颐《爱莲说》中"莲出淤泥而不染，濯清涟而不妖"的语意。

图 3-7　拙政园荷池

3.2.3　水体设计与组景

中国园林中理水的意境和手法，源于自然界的湖、池、潭、湾、瀑、溪、渠、涧等。自然界水体的形态丰富多样，而园林中的水体，既要师法大自然，又要高于自然，绝对不能对自然水体进行生硬摹仿或简单浓缩，而是要对自然水体作抒情写意的再创造，取其意境的联想，体现"一勺则江湖万里"的"写意"创作原则。如苏州网师园中的彩霞池，以虎丘山的白莲池为蓝本，但并没有完全摹仿，它根据"渔隐"的主题，将半亩水面处理得浩淼清旷，具有水乡漫漶之感。苏州拙政园中部的水面，以太湖中的小岛为摹仿对象，但创造的是"海中三神山"的传统主题。园林水体一定要得天然之趣，园林中摹仿自然界的水体形式主要有以下样式：

池塘：采用条石、块石或片石砌筑成整齐的驳岸，植荷花、养鱼，供人观赏。水体比较规整，呈几何形，在自然山水园中很少见，一般筑于寺院、祠堂、会馆、书院、宅邸等建筑群中的庭院间。但庭园中也偶然采用，如苏州曲园的"曲水池"（图 3-8）、天平山庄的"鱼乐园"都呈规则形水体。

图 3-8　曲园曲水池

湖泊：这是园林最常见的水形，呈不规则状，驳岸起伏凹凸，岸边垂柳拂水、草坡入池，萍藻浮水，湖面贴岸，令人产生浩淼荡漾之感。有的湖中建桥、设岛、筑矶滩，如颐和园中的昆明湖（图 3-9）、承德避暑山庄的塞湖（图 3-10）以及私家园林中的大部分水体。

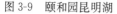

图 3-9　颐和园昆明湖

图 3-10　承德避暑山庄塞湖

江河：即不规则带形分岔水体，蜿蜒曲折，一般以土岸为主，散置自然石块，岸边点缀藤蔓植物，自然朴野，源远不尽，以状写自然江河景色。如颐和园后山下的河流、拙政园东部曲水、留园西部的"之"字形小河等。在中国园林中，因"江河"容易使人产生船行如梭的世俗奔竞之状，故往往称"海"。

山溪与谷涧：由山涧至山麓，集山水而下，至平地时汇聚了许多条溪、涧的水量而形成河流（图 3-11）。一般溪浅而阔，如苏州拙政园西部塔影亭和艺圃南斋小院一带的溪流，岸边全用自然石叠置，造成溪水湍急、冲刷河床、石骨嶙峋的景象。谷，指自然幽谷，不一定有水，如耦园东园黄石假山中的"邃谷"。涧狭而深，如留园"闻木樨香轩"侧的溪涧，洞口设一小岛，增加了水涧的层次和深度；网师园的"槃涧"（图 3-12），叠石不多，却能造成源头深远、余意无穷的意境。

图 3-11　山溪

图 3-12　网师园槃涧

园林中如有条件时，可设溪涧。溪涧应左右弯曲，萦回于岩石山林间，或环绕亭榭，或穿岩入洞；应有分有合，有收有放，构成大小不同的水面与宽窄各异的水流。溪涧垂直处理应随地形变化，形成跌水和瀑布，落水则可以成深潭幽谷。

濠濮：是水位较低的狭长水面与山形成的景象。有两山夹岸、水充其中的感觉。耦园东部的假山东侧，临狭窄的水面处叠成悬崖峭壁，驳岸采用的是竖向岩层，在水中倒影的映衬下，更显得高耸，与低水位的池面形成强烈对比，池面高架石板桥，衬托出水体的高深，创造出濠濮景观（图 3-13），视觉上又有高远山水的意趣。

图 3-13　耦园水景濠濮

　　瀑布："水之为声有四：有瀑布声，有流水声，有滩声，有沟浍声。"园林中都有对自然界瀑布的摹仿，以获得既赏心悦目又悦耳的艺术效果。无锡寄畅园用黄石假山砌成的"八音涧"（图 3-14），二泉细流，在涧中盘曲跌落，淙淙有声，使人仿佛置身于深山曲谷之中。苏州环秀山庄西北角假山，利用屋顶雨水流注池中，略存瀑布之意，在东南角的假山上于石后设小槽承受雨水，由石隙宛转下泄，形成小瀑布景观。苏州狮子林"听瀑亭"旁的人工瀑布（图 3-15），采用水柜蓄水法，山涧中设湖石三达，下临深潭，水闸一开，形成三叠瀑布。

图 3-14　寄畅园八音涧　　　　　　　　　　　图 3-15　狮子林人工瀑布

　　渊潭：指空间狭窄而深邃的水面。如沧浪亭假山西部的石山坳谷间，在陡峭的石壁下，凿一小池，犹临深渊，称"流玉潭"，石壁上有"流玉"两个篆书摩崖，似乎碧玉般的清泉从山石上源源不断地流入小池，给人以"清泉石上流"的无尽美感。

3.2.4　水体景观的表现方法

　　为了使园林水体具有天然之趣，池岸的自然处理至关重要。"水本无形，因岸成之。"池岸有石岸、土岸之分，土岸更接近自然，但又极易因雨水冲刷而崩塌，故纯粹土岸较少见，主要采用叠石岸，间以石壁、石矶，或临水建水阁、水廊等，使池岸形态活泼多变，接近自然。

　　堆叠石岸尽可能不用规则式平石砌齐，而采取岩、矶、滩、浦、堤、岸结合，有高低进退弯曲回环的变化。当岸边建筑物较规则时局部采用规则式，如颐和园、北海。无论溪池，岸线都要自然曲折而且富于变化，以乱石、崖壁、岩矶、土坡、沙浦、芦汀、柳岸等多种形式，因地制宜处理，造成曲折凹凸、纵横交错的形式，这就是造园家所说的"破"。如南京"瞻园"临水池有低平的大石矶两层，中有悬洞，或凹或凸，忽高忽低，岸线变化丰富，充满着自然意趣。沧浪亭外的水岸，用嶙峋的黄石叠成参差错落的驳岸，极富自然之趣，引人遐思。

石矶是与水体联系密切的一种叠石，摹仿的是自然岩石河床、湖岸略凸出水面的景观。在水位不稳定的情况下，往往叠成层层低下的不规则阶梯状，以便在不同水位时都能保持岸边低临水面、湖水荡漾的景象，还可形成一种岩石湖床的矶滩景象，丰富池岸线的空间造型，而且还可以供游人坐石临流、嬉弄碧波。亭、榭、桥、堤、矶岸、月台、汀步等均应尽可能接近水面。岸边应大部分接近水面，或以矶岛伸入水面，注意一个"近"的原则。在岩岸下可以水洞造成深不可测之幽趣。石上藤萝及岸边垂柳拂水也很有诗意。网师园（图 3-16）彩霞池驳岸间以石矶，均用黄石模拟自然山貌水平层状结构叠成，低平开展与主山横向层理造型协调而产生韵律，使之成为岸边"云岗"假山山脚余脉的收头，与池东北侧的黄石山洞成掎角之势，构成均衡。

图 3-16 从引静桥眺望全园景石环绕、花团锦簇的网师园

中国园林中，几乎是无园不水、无水不园。一般来说，以山为主体的园林，水作为从体，多作濠濮、溪流、渊潭等带状萦回或小型集中的水面；在以水为主体的园林中，水多采用湖泊型，辅以溪涧、水谷、瀑布等，较大的园林往往是多种水体同时存在。

"大分小聚"，是理水的基本原则。大型的水面处理，如湖泊、池沼，大都是用天然水面略加改造而成，如杭州的西湖、广东惠州的西湖、北京的三海、颐和园的昆明湖等。为了不至于感到开阔水面的单调，就要"分"，即将水面分割成大小长短深浅曲折等形状不同的景区。完成分的手段是"隔"，即用堤、闸、桥、廊、亭榭、岛、散石、汀步、矶、树（一棵横斜伸入水面上空的树）、花（荷、菱等）、石幢灯笼（如三潭印月）等分开。

堤（图 3-17），是用土石等材料修筑的挡水高岸，一般宜直不宜曲，宜短不宜长。堤上植树，疏密相间，高低错落。长堤可设不同类型的桥，桥上还可建亭廊，既分割了水面，丰富了空间层次，增加了空间深度，又丰富了景观色彩。堤在水面的位置不宜居中，多在一侧，以便将水面划分成大小不同、主次分明、风景有变化的水区。

图 3-17　堤

杭州西湖用苏堤、白堤等划分水面空间，形成不同的水域。承德避暑山庄的"塞湖"则由"如意湖""澄湖""上湖""下湖""银湖""镜湖""半月湖""西湖"八个水面构成，曲折逶迤，层次丰富。其中的上湖、下湖是由标高不同的水域分开而成，相连的地方用跨水的"水心榭"桥，桥下因水落差而形成长宽的水幕。扬州瘦西湖则在桥上建五亭，既分割了水面，又形成极为重要的一景。

岛在园林中也起划分水面空间、增加层次、打破水体平淡单调的作用，从而获得分而不断的艺术效果。如颐和园中的昆明湖占了全园五分之四以上，水面用几处岛屿点缀其间，又以长堤和大小桥梁连接，使湖面空阔又不呆板。西堤六桥是模仿苏轼的西湖苏堤，从万寿山西面的柳桥起，自北而南依次为幽风桥、玉带桥、镜桥、练桥，直到湖南端的界湖桥，贯穿昆明湖的西半部，组成一条长达 2.5 千米的游道，沿堤垂杨拂水、碧柳含烟。水中一岛与万寿山互为对景。岛东岸边，气势雄壮的十七孔长桥伏卧波心，桥南凤凰墩安踞湖中。

苏州最大的水景园拙政园的水体处理是江南园林中的上乘之作。全园水体处理以分为主，富于层次和变化，故全园水体类型丰富，且相互沟通，但还是留出较大的水面，使主次分明。中部的水面约占三分之一，它利用原来的水源条件，开凿横向水池，以聚水为主，水面甚为宽阔，造园家在水中垒土构成东、西、南三座岩岛，都有曲桥相互贯通，居中的雪香云蔚亭陡而高，分别用小桥、短堤连接待霜亭和荷风四面亭，形成不对称的均衡关系。园中水体的灵活处理也创造出了不同的艺术氛围，如远香堂南面景区的森郁、北面主景区的宏阔、梧竹幽居亭西望的深远、小沧浪水院的静谧、见山楼南岸的疏野、柳阴路曲的婉致等，均营构出道家"清静""自然"的气氛。

小园的水体聚胜于分，聚的布局使水面辽阔，有水乡漫漶之感。如被誉为"小园极则"的网师园，以水面为主体，水面集中作湖泊型，以显其宽，突出了"网师""渔隐"的主题，仅仅 400 多平方米的水面，却给人以湖水荡漾之感，为了刻画湖泊特征，造园者利用了水面最长流向，于西北、东南这一对角线布设桥梁及水湾，加大水面的绝对纵深，藏源隐尾，深奥莫测；架设桥梁别具一格，将绘画中"近大远小"的透视原理应用于园中，采用石拱桥加大透视感，造成空间距离较实际状况略大的错觉；黄石池岸低临水面，高低凸凹有致，配以石矶、钓台、池边的假山、蹬道，采取洞穴隐现、丰富岸边变化、加大空间距离等布景思想，以衬托出水广波延、源头不尽之意；沿水建筑及建筑布局上，采用一离岸一临水形式，并使建筑尺度较其他园林的尺度为小，达到"小中见大"的效果，同时，临水建筑的基座采用干栏式或利用山石叠成涵洞式，水流入建筑之下，给人弥漫不尽的感觉。

3.3　植　　物

植物是园林绿地景观构成的重要基础要素，是绿地生态的主体，也是影响公共环境和面貌的主要因素之一。我国幅员辽阔、气候温和、植物品种繁多，特别是长江以南的地区具有全国最丰富的植物资源，这就为园林植物的规划提供了良好的自然条件。

园林植物是指在园林建设中所需要的一切植物材料，以绿色植物为主，包括木本植物和草本植物。在配置和选用园林植物时既要考虑植物本身的生长发育特性，又要考虑植物与环境及其他植物的生态关系，同时还应满足功能需要、符合审美及视觉原则。

3.3.1　植物的分类与观赏特征

1. 植物类型

1）乔木

乔木具有体形高大、主干明显、分枝点高、寿命长等特点，是园林绿地中数量最多、作用最大的一类植物。它是园林植物的主体，对绿地环境和空间构图影响很大。

乔木与灌木相对应，通常见到的高大树木都是乔木，如木棉、松树、玉兰、白桦、银杏等（图 3-18）。乔木分为针叶树、阔叶树、常绿树与落叶树。乔木依其高度又分为大乔木（大于 20 米）、中乔木（8～20 米）和小乔木（小于 8 米）。大中型乔木一般可作为主景树，也可以树丛、树林的形式出现，小乔木多用于分隔、限制空间。

图 3-18　各种常见乔木

2）灌木

灌木没有明显主干，主要呈丛生状态，或分枝点较低。灌木有常绿与落叶之分，在园林绿地中常以绿篱、绿墙、丛植、片植的形式出现。依其高度，可分为大灌木（大于2米）、中灌木（1～2米）和小灌木（0.3～1米）。常见灌木有玫瑰、牡丹、黄杨、金丝桃、海桐、法国冬青、金叶女贞、沙柳等（图3-19）。

图 3-19　各种常见灌木

3）竹类

竹类为禾本科植物，树干有节、中空，叶形美观，是园林中常见的植物类型。常用竹类有毛竹、紫竹、淡竹、刚竹、佛肚竹、凤尾竹等（图3-20）。

图 3-20　各种常见竹类

4）藤本植物

藤本植物不能直立，需攀缘于山石、墙面、篱栅、廊架之上。有常绿与落叶之分，常用藤本植物如紫藤、爬山虎、常春藤、五叶地锦、木香、野蔷薇等（图 3-21）。

图 3-21　各种常见藤本植物

5）花卉

园林花卉主要指草本花卉、宿根花卉和球根花卉。

按其形态特征及生长寿命可分为：

一、二年生花卉：即当年春季或秋季播种，于当年或第二年开花的植物。如鸡冠花、千日红、一串红、百日菊、万寿菊等。

宿根花卉：即多年生草本植物，大多为当年开花后地上茎叶枯萎，其根部越冬，翌年春季继续生长，有的地上茎叶冬季不枯死，但停止生长。这一类植物有玉簪、麦冬类、万年青、蜀葵等。

球根花卉：也是多年生草本植物，地下茎或根肥大，呈球状或块状，如唐菖蒲、郁金香、水仙类、百合类等（图 3-22）。

图 3-22　各种常见花卉

6）地被、草坪

地被、草坪植物高度为 0.15～0.3 米，呈低矮、蔓生状。在园林绿地中常用作"铺地"材料，可形成形状各异的草坪。运用地被植物可将孤立的或多组景观因素组成一个整体。草坪植物有结缕草、天鹅绒草、假俭草、野牛车等（图 3-23）。

图 3-23　各种常见地被、草坪

7）水生

水生植物（图 3-24）生长于水中，按其习性可分为：

浮生植物：漂浮在水面上生长，如浮萍、水浮莲、凤眼莲等。

沼生植物：这类植物多生长在岸边沼泽地带，如千屈菜、西洋菜等。

浅水植物：多生长在 10～20 厘米深的水中，如茭白、水生鸢尾等。

中水植物：多生长在 20～50 厘米深的水中，如荷花、睡莲等。

深水植物：生长在深在 120 厘米以上的水中，如菱等，在公园水面上多以种植荷花、睡莲为主。

图 3-24　各种常见水生植物

2. 植物的美主要表现在外形美、色彩美、意蕴美等方面。不同的植物其观赏特性也各不相同，常有观姿、观花、观果、观叶、观干等区别。

1）外形美

（1）树冠

树冠的形态（图 3-25）大致分为以下几种：

尖塔形：树形塔状，枝条稍下倾，有塔状层次，总体轮廓鲜明。如雪松、铁坚杉、冷杉、水杉等。

圆柱形：树干直立、侧枝细短、枝叶紧密、冠高，冠径小；冠高与冠径之比大于

图 3-25　各类树冠形态

3 : 1，可增强高度，有高耸感。如珊瑚树、钻天杨、龙柏、南洋杉等。

圆锥形：树冠锥形，冠高小，冠径大；冠高与冠径之比小于 3 : 1，有高耸感。如圆柏、柏木等。

伞形：主枝成 45°角，冠上部平齐，呈伞状张开；有水平韵律感，易与平坦地形和低平建筑相融合。如合欢、凤凰木、悬铃木等。

椭圆形：树冠长椭圆形，枝条分布上下较少，中部较多。如悬铃木。

圆球形：树冠圆球状，枝条细而向四周展开。如杨梅、七里香、石楠等。

垂枝形：枝条柔软下垂，易与水波相协调。如垂柳、龙爪槐、迎春等。

匍匐形：枝条低矮，紧贴地面而生，树枝具下垂性，具水平韵律感。如偃柏、草坪植物等。

被覆形：枝条平伸，叶成盘状，具宽阔延伸感。如老年松树。

棕榈形：主干独立，枝叶簇生于顶端。如棕榈、蒲葵、椰子等。

（2）枝叶

叶形、叶色和落叶后的枝条均可供观赏。叶形大小不等、形状各异（图 3-26）。尤其是叶形较大、形状奇特的枝叶，观赏价值较高，如芭蕉、马褂木、乌桕、银杏、龟背竹、变叶木等。叶色多为绿色，如嫩绿、浅绿、深绿、黄绿、墨绿等。有的植物在秋季叶色变红，如鸡爪槭、乌桕、檫木、黄连木等。有的植物在秋季叶色变黄，如银杏、栾树、蜡梅、法国梧桐等。有的植物叶色为红色或红绿相间色，如红枫、红背桂等。

图 3-26 各类枝叶形态

（3）干、根

树根是植物支撑树冠的基础，树干是支柱，主干直立高大的大乔木气势雄伟、整齐美观。主干扭曲、盘绕而上的植物如罗汉松、紫藤、凌霄等有常青古雅、苍劲之感。树干形状特别的，如纺锤形的大王椰子、截面为方形的四方竹、竹节突出的佛肚竹等，观赏价值也很高。还有的树干颜色、花纹奇特，如白皮松、白桦、白干层树的白色；中国梧桐、毛竹的绿色；紫竹的紫色；斑竹的环状花纹、黄金间碧玉、黄绿相间的条状花纹、杨树枝条脱落后所形成的"眼睛"等，均可供人观赏。

树根的观赏是指观赏树露出地表面的根，有些植物如水杉的板状根、榕树的气生根、在石隙或石壁上生长的网状根等，都具有一定的观赏价值。

2）色彩美

植物的花果由于形状奇特、色彩艳丽而成为园景的一部分。植物的花主要从姿、色、香等三方面欣赏：

（1）花姿

有的植物以花大而取胜，如大丽菊、绣球花、牡丹、芍药、荷花、广玉兰等；有的以形怪而取胜，如蝴蝶花（三色堇）、鸽子花（珙桐）、马蹄莲、倒挂金钟等；有的以繁取胜，如紫薇、凤凰木、锦带花、紫荆等；还有的以秀取胜，如鸟萝、金银花、七姐妹等。

（2）花色

花色不胜枚举，常见的有以下几种（图 3-27）：

白色：白玉兰、广玉兰、月季、白丁香、白杜鹃、茉莉、栀子花等。

红色：石榴、桃花、映山红、樱花、山茶、蔷薇、牡丹、月季、炮仗花等。

黄色：迎春、蜡梅、金桂、棣棠、连翘、鸡蛋花等。

紫色：紫藤、紫荆、紫薇、木槿、红花羊蹄甲等。

绿色：绿梅、绿牡丹等。

图 3-27　各种花色

（3）花香

植物的花除花姿、花色可供观赏外，花香也可为园林增色。如桂花、兰花、夜来香、白兰、茉莉、栀子、玫瑰、含笑、蜡梅等植物的花都有一定的香气。

植物的果也可供人观赏。许多植物果色鲜艳、果形奇特，也是观果的上品，如佛手、火棘、枸骨、山楂、柿子、石榴、橘子、金柑等。盆栽或成片栽植，效果更佳，如长沙橘子洲头的橘林，每到秋季，硕果累累，成为公园的一景。

3）意蕴美

植物的外形、色彩、生态属性常使人触景生情，产生联想。

松柏——象征坚强不屈、万古长青

木棉——又称"英雄树"

竹——虚心有节，象征品德高尚

梅——象征不屈不挠

兰——象征居静而芳

菊——象征不怕风霜的坚强性格

荷花——象征出淤泥而不染

玫瑰花——象征爱情

迎春花——象征春回大地

很多园林植物，是中国古代诗人画家吟诗作画的主要题材，其象征意义和造景效果已为世人所接受，如松竹梅有"三友"之称，"梅兰竹菊"有"四君子"之称。

3.3.2 植物节令与文化

花木是中国园林的构成要素之一。它是园林空间的弹性部分，可按人们观景审美的需要，随心所欲地进行布局，或花或草，疏密相间，高低错落等，成为园林中极富变化的动景。花木种植入土，似为静态观赏物，原地不动，其实大不然，一是它有萌芽、成株、成景，其发育成长过程是一个处于不断变化的动态过程；二是春天开花、夏天成荫、秋天落叶、冬天积雪，一年四季的景观不同，也是一个动态变化过程。正如《扬州画舫录》中描写林木四季叶色变化时所说："野色连山，古木色变：春初时青，未几白，白者苍，绿者碧，碧者黄，黄变赤，赤变紫，皆异艳奇采，不可弹记。"再以荷花为例，初夏时，"小荷才露尖尖角，早有蜻蜓立上头"；盛夏时，"接天莲叶无穷碧，映日荷花别样红"；暮秋时，"秋阴不散霜飞晚，留得残荷听雨声"。同是一种荷花，在三个季节具有三种不同的风景观赏美，充满了一种动态变化。

花木不仅给园林增添无穷生机和野趣，还可起着划分园林景区、点缀园林的作用。花木的色、香、姿、声、光等观赏要素特征，可供游人直接欣赏品玩；花木的刚直、高洁、雅逸、潇洒等精神内涵，将花木的观赏特性拟人化，令游人引起无限的遐想，使游人的情操为之升华。

所以，中国园林中的花木，不是可有可无、随意遣置的摆设，而是深寓含义和颇具匠心的。英国造园家克劳斯顿曾提出"风景园林归根到底是植物材料设计"的观点，认为：风景园林的目的就是改善人类的生态环境，其他的内容只能在一个有植物的环境中发挥作用。我国著名园林学家余树勋也曾提出："现在提倡植物造园，可以说是超国际、超时代的人类需要。这不是独创的新鲜事，而是为了全人类在地球上生存下去，让子子孙孙生活得更好些。环境科学已经清清楚楚地告诉我们：只有用植物创造的环境才是最美好的环境，而不是盖庙修菩萨，大搞亭台楼阁。"

3.3.3 园林植物配置

1. 满足功能要求

风景园林中植物规划首先要满足功能要求，并与山水、建筑、园路等自然环境和人工环境相协调。如综合性公园、文化娱乐区，具有人流量大、节日活动多等特点，四季人流不断，要求绿化能达到遮荫、美化、季相明显等效果。儿童活动区的植物要求体态奇特，色彩鲜艳，无毒无刺；而安静休息区的植物种植和林相变化则要求多种多样，有不同的景观。有时为了满足某种特殊功能的需要，还要采用相应的植物配置。如上海长风公园的西北山丘，因考虑阻挡寒风，衬托南部百花洲，故选择耐寒、常绿、色深的黑松，并采取纯林的配置手法。这样不仅阻挡了寒风，而且还为南部的百花洲起到了背景的作用。

2. 多用乡土树种

风景园林中植物规划要以乡土树种为公园的基调树种。这样植物成活率高，既经济又有地方特色，如湛江海滨公园的椰林，广州晓港公园的竹林，长沙橘洲公园的橘林等，都取得了基调鲜明的良好效果。同时，植物配置要充分利用现状树木，特别是古树名木。规划时需充分利用和保护这些古树名木，可使其成为公园中独特的林木景观。

3. 注重整体搭配

风景园林中植物配置应注意整体效果，主次分明，层次清楚，具有特色，应避免"宾主不分""喧宾夺主"和"主体孤立"等现象，使全园既统一又有变化，以产生和谐的艺术效果。如杭州西湖的花港观鱼以常绿观花乔木广玉兰为基调，统一全园景色，而在各景区中又有反映特色的主调树种，如金鱼园以海棠为主调、牡丹园以牡丹为主调、大草坪以樱花为主调等。

4. 重视植物的造景特色

风景园林中植物配置应重视植物的造景特色。植物是有生命的物质，不同于建筑、绘画等，它随着季节的变换会产生不同的风景艺术效果。同时，随着植物物候期的变化，其形态、色彩、风韵也各不相同。因此，利用植物的这一特性，可配合不同的景区、景点形成不同的美景。如桂林七星公园，以桂花为主题进行植物造景，仲秋时节，满园飘香；南京雨花台烈士陵园以红枫、雪松树群作为先烈石雕群像的背景；昆明圆通公园的"樱花甬道"等。

5. 合理安排植物类型和种植比重

风景园林中植物配置应对各种植物类型和种植比重作出适当的安排，如乔木、灌木、藤本、地被植物、花、草、常绿树、落叶树、针叶树、阔叶树等要保持一定的比率。一般根据园林的大小、性质以及所处地理环境的不同，所用比率亦不相同。以下配置比率可供参考：

种植类型的比率：密林为 40％，疏林和树丛为 25％～30％，草地为 20％～25％，花卉为 3％～5％。

常绿树与落叶树的比率：华北地区常绿树为 30％～40％，落叶树为 60％～70％；长江流域常绿树为 50％～60％，落叶树为 40％～50％；华南地区常绿树为 70％～80％，落叶树为 20％～30％。

总之，园林植物规划应采取在普遍绿化的基础上重点美化，对一些管理要求较细致的植物，如花卉、耐阴植物等宜集中设置，以便日常养护和管理。

3.3.4　植物的表现方法

1. 顺应地势，割划空间

植物空间的合理划分，应顺应地形的起伏程度、水面的曲直变化以及空间的大小等各种立地的现实自然条件和欣赏要求而定。欲"抑"则"扬"，欲"扬"则"抑"。

故山体突起之地必植高大树木以增其起；相反，伏卧之地则应植低矮灌丛或草坪，以显其伏。同理，若绿地空间以小、阴暗而造就秘密空间，则宜栽植质地粗糙的植物围合空间，而配细质型植被于空间内部以亲近视野。

以植物为主景的园林景观，如若从平面划分绿地，则应以树木的树冠划分立面，形成植物空间。现代风景园林中，经常用大草坪或疏林划出开阔明朗的空间，并用竹林或小径围合成安逸、私密、柔和的小空间。空间要似连似分，变化多样，方能形成景色各异的整体景观（图 3-28）。

在湖泊平原地区造景，要利用植物的高低错落和围合进行层次分隔，以增强水面和空间的深远感。对原有地形，既不可一律保留，又不可过分雕琢；既要处处匠心独运，又不露人工斧凿之痕迹，以达"自成天然之趣，不烦人事之工"的目的。

图 3-28　植物的表现方法

2. 主次分明，疏落有致

植物配置的空间，无论平面或立面，都要根据植物的形态、高低、大小、落叶或常绿、色彩、质地等，做到主次分明、疏落有致。群体配置，要充分发挥不同园林植物的个性特色，但必须突出主题、分清主次，不能千篇一律、平均分配。如用常绿树和落叶树混植造景时，常绿树四季常青、庄严深重但缺乏变化，而落叶树色彩丰富、轻快活泼而富于变化，但冬景萧条，故欲表达季相变化，突出鲜明的色彩和空灵，应以常绿高大植物作背景，落叶小巧植物于前，可尽显春光秋色。

对于高矮相差不大的灌木或地被，可以利用地势的起伏，或筑台砌阶，以增强高差，使之错落有致、层次分明。

现代植物造景讲求群落景观"师法自然"。植物造景利用乔、灌、草形成树丛、树群时要注意深浅兼有，若隐若现，虚实相生，疏落有致。开朗中有封闭，封闭中有开朗，以无形之虚造有形之实，体现自然环境美。一般而言，有可借之景，透景线宜稀疏，或以高大枝干成框，或植低矮灌木群落作铺垫；相反，若视线零乱不堪，则以浓密遮之，即为障景，以达"嘉则收之，俗则屏之"。

3. 立体轮廓，均衡韵律

群植景观常讲究优美的林冠线和曲折回荡的林缘线，植物空间的轮廓，要有平有直、有弯有曲（图 3-29）。

等高的轮廓雄伟浑厚，但平直单调，变化起伏凸凹的轮廓丰富自然，但不可杂乱。不同的曲线应用于不同的意境景观中，行道树以整齐为美，而风景林以自然为美。立体轮廓线可以重复但要有韵律，尤其对于局部景观。自然式园林林缘线要曲折但忌烦琐。而空旷平整之地植树更应参差不齐、前后错落，且讲求树木花草的摆排位置，如孤立树在前，其次为树丛，树林为后作屏障，中间以花、草连接，层次鲜明而景深富于变化。

图 3-29 植物的表现方法

4. 环境配置，和谐自然

在风景园林的植物景观设计中，要注意植物与其周围环境、建筑小品以及水体等环境的和谐。

1）建筑与植物造景

建筑与植物的配置是人工与自然美的结合，处理得当，可得和谐一致，处理不当，双方的美都要受到影响。建筑是形态固定的实体，而植物是随季节而变化的。植物丰富的自然色彩、柔美的线条以及优美的风姿会给建筑以美感，使其产生生动活泼而富于季节变化的动势，从而使建筑与自然协调统一起来。园林中的亭、台、楼、榭等不可孤立无助，必加树木花草以点缀、衬托，而所选植物既要求具有一定的色、香、姿等观赏效果，又要有一定的遮蔽效果。

建筑与植物，可以互相因借。其配置有两种形式：一是置建筑于丛林之中；二是以植物衬托建筑。无论哪一种，建筑与植物在色彩、体量上都应取得和谐统一。立面庄严、体型大、视野辽阔的建筑周围应植以树干粗、枝散、树冠开张的树木；而结构细巧、玲珑、精美的建筑或小品周围，则选叶小枝纤、树冠致密的细质型植物。

2）水体与植物造景

水给人以明净、清澈、亲近、畅快的感觉。从古至今，在风景园林中，总有以水为主的观赏景点，如小桥流水、镜湖秋月、叠山飞瀑等，都构成了优美的可人景观。

园林水体可赏、可游、可玩，无论何种水体，也无论其为主景、配景或小景，无不借助植物来丰富其景观。水中、水旁的植物姿态、色彩均构成了水体的美感。水中倒影，波光粼粼，自成景象。当然，水体类型不同，也要求不同的植物配置与之协调。如池岸大树的配置应疏朗，灌丛不可过密，以防遮挡视线。所选植物的枝叶要扶疏柔和，如垂柳、香樟、合欢、七叶树、迎春、海棠以及月季等。池岸曲折的宜栽在弯曲处，平直的应退入岸线以内。池旁有亭、榭以及树形优美的植物，如池杉、水松、水杉等，池内不宜多植荷花，以免破坏美丽的倒影。而宽阔水面的周围植物配置应力求简洁。

3）路径与植物造景

中国园林的路径逶迤曲折，应打破一般行道树的配植格局，两侧不一定栽植同一树种，但必须取得均衡效果。

株距、行距应与路旁景物结合，留出透景线，为步移景异创造条件。路口可种植色彩鲜明的孤植树或树丛，或作对景，或作标志，起导游作用。

5. 一季突出，季季有景

园林植物的显著特色是其变换的季节性景观。可以说，如果运用得当，一年四季都有景可赏。

然而在我国的一些地方，虽然能体现四季有景，但因自然条件因素，只能做到一季或多季突出。如北京，就是以春夏为主的观赏季节，春来百花争艳，夏季绿树成荫，各成特色。

3.4 建　筑

在园林风景中，建筑既有使用功能，又能与环境组成景色。供观赏游览的各类建筑物或构筑物、园林装饰小品等，统称为"园林建筑"。真正意义上的园林建筑，更多的是指亭、廊、桥、门、窗、景墙及一些有功能用途的小型建筑。

3.4.1 风景园林建筑的文化内涵

我国园林建筑的主要特色，用最简练的字来概括，就是"巧""宜""精""雅"四个字。这四个字代表了四个方面，每个方面还包含着不同的层次。它们互相联系，又相互统一。

1. "巧"

"巧"就是灵巧、巧奇、活变的意思。中国传统建筑的"巧"主要得益于木构架的灵活性，同时在布局上又很注意以"巧"取胜；从结构、造型、空间的处理到建筑的整体布局都是一种巧妙而和谐的安排，局部与整体之间是有机地联系在一起的，具有灵活应变、活的、生长的特征。

《园冶》中说的"巧于因借"虽是对园林的总体规划布局讲的，但也完全适应于园林建筑。它既要巧于用"因"，从园林环境的具体条件出发；又要巧于用"借"，把一切园林环境中积极的因素都调动起来，为我所用。因此，这个"巧"就是"以人巧代天工"，包含着人们认识自然、驾驭自然、征服自然的能力。

中国园林建筑与自然环境的巧妙结合，可以说是世界建筑史上的一个高度成就。中国园林建筑为适应自然风景式园林的性格及园林整体环境的气氛，就要在布局、空间组织、建筑造型上创造出合乎自己身份的形象来。它依据环境的特点和要求，配合着各种各样的地形地貌，自由组合，穿插错落，灵活应变，为配合自然，还创造出了各种不同造型的建筑类型，每一种类型中又演变出丰富变化的形式。不论是南方、北方，还是同一地区的不同环境，园林建筑总是千差万别，展示着与具体环境相吻合的强烈个性。因此，总给人一种自由、灵巧、变幻的感受，处处做到"巧而得体"。

中国园林建筑的灵巧还表现在空间处理上。人们在中国园林建筑中穿行，很少是沿着轴线运动，多半是曲折变幻的，这种"曲折"与"变幻"又不是莫名其妙地捉弄人。这种曲折、变幻的建筑空间的交界处，常常正是最富于戏剧性变化、使人对新的空间气氛产生新的兴奋的起点。人们在中国园林建筑中行进，总能与外部的自然景物联系起来，风景中有建筑，建筑中有风景，随着建筑空间的曲折变幻，景物的空间气氛也在改变，不断产生新的刺激与兴奋，又为不断出现的新的空间意境所吸引，总使人保持着饱满的、不断追求的情绪。为创造出这种空间的氛围，中国园林建筑巧妙地处理了内外空间的围透、联系与过渡，并创造了各种各样的空间形式，特别是过渡空间的形式及庭院的空间形式。平面上，不仅仅是封闭的四边形，还可以是三角形、多边形、弧线形；在剖面上，可以错落咬合；各空间之间呈自由、流通、渗透等状态，互相补充、借用，空间的不定性与整体上的完整性是结合在一起的。空间的组织，有直有曲、有静有动、有大有小、有虚有实、有正有变、有疏有密、有隐有显、相反相成，创造了富有活力的、奇巧变幻的空间境界。

2. "宜"

"宜"就是合宜、适用、合情合理、因地制宜，是应变能力的表现，与"巧"联系在一起、统一在一起。

"宜"首先表现在对待人的态度上。中国人建造园林，是为了追求自然的美，获得身心上切实的美的感受与满足；古人所说的四美"良辰、美景、赏心、乐事"，是中国园林所追求的基本内容。风景园林建筑规划设计的中心课题，就是一切为了人，制造出人的空间、人的尺度、人的环境。中国的园林把人与建筑、人与自然的关系融合到了水乳交融的空间境域之中。因此，"人"从来就是中国园林建筑的主体，它的空间总是合情合理的，体现结构与自然规律融合之理。它不装腔作势，不矫揉造作。即使是建在风景区中的寺庙，也要把它从超尘脱俗的境界中拉回到清静幽雅的现实生活中来，融化于自然界，成为世俗化的建筑物，成为人们可以欣赏、可以生活的部分。

因此，中国的园林是"园中有景，景中有人，人与景合，景因人异"。它总是十分注意研究人对空间环境的反应与回响，不是强迫人去接受某种建筑物所给予的强调，而是自然而然地给人以某种情绪上的满足。它不断总结这种人对空间环境需求的心理，并把人们的愿望汇集到新的园林规划与设计中去。因此，了解人，并运用当时可能的物质手段来满足与体现人的愿望，就是中国园林一贯遵循的准则。

3. "精"

"精"就是精巧、精美、分寸感、"少而精"，它的对立面就是粗陋、笨拙、堆砌。

中国园林建筑的精美并不是一种局部的雕虫小技，而是一种风貌，从整体到细部它都和谐地组织在一种美的韵律之中。它不仅注意总体造型上的美，而且注意装修、装饰的美，注意陈设的美，注意小品建筑的美；它们之间的位置、大小、粗细、宽窄、质地都恰到好处，有精致的分寸感、统一感。建筑的各个部分都协调在结构的精巧布置上，都是中国建筑"结构美"的进一步补充、进一步美化。这种精美的建筑处理，处处都是合情合理的，它不仅是一种形象的美，也是一种合乎结构与构造逻辑的美。同时，这种精巧、精美的特点不仅表现在视觉的感受上，还表现在触觉的感知上：中国园林建筑与人贴近的地方，像柱子、凳椅、美人靠、门窗、内檐的装修等，不仅看上去精巧、精美，摸上去也舒服；它的造型、木质和人之间有一种亲切感，让人愿意与它贴近，愿意抚摸它。所以计成说"园不在大而在精"，园有异宜，或华丽，或简朴，但都要"精"，不能"滥"。这个"精"字正点出了中国园林的魅力所在。

4. "雅"

"雅"是指建筑的格调、意境，是人们对园林建筑的形象、色彩、气氛的一种感受，"幽雅""雅朴""雅致"都是这种感受的表达。它的对立面就是"俗"，一种涂脂抹粉的气息。

中国园林建筑对"雅"的追求表现在以下几个方面：建筑与环境的气氛要"幽雅"；建筑的造型、装修、细部的处理要"雅致"；建筑的色调效果要"雅朴"（图 3-30）。

图 3-30　苏州拙政园中的"雅"

中国园林的特点之一就是含蓄，建筑物是不暴露的。中国人知道只有把精巧的建筑融化到大自然的怀抱之中时才能"幽雅"得起来，"幽"与"雅"是联系在一起的。所以建造园林，总要"地偏为胜"。即使在闹市中建园，也要运用造园家的巧思，避害为利，闹处寻幽，创造出幽雅的环境气氛来。所以说："以人为之美入天然，故能奇；以清幽之趣药浓丽，故能雅"。中国园林的一个杰出贡献，就是在城市内建筑密集的环境中的一块不大的用地上，能以人工的巧奇，创造出一种源于自然而高于自然的、宜人的幽雅境域来。

中国园林建筑在自然环境中的形象，并不以壮丽浓艳来取胜，而是以小巧、雅致而见长。清代的李渔在《闲情偶寄》中就说过："建筑的造型贵精不贵丽，贵新奇大雅，不贵纤巧烂漫。"中国的民居与园林建筑都具有这样的特色，无论从建筑的总体形象到局部的装饰纹样，都"兹式从雅""从雅遵时"，细致而精美，简单而有风韵。

园林建筑所选用的材料及色彩也强调要"时遵雅朴"，善于表现材料本质的美，不在木材上乱施油彩，不在砖木上任意雕镂而流于庸俗。风景区中的建筑要多选用天然材料，就地取材。白粉墙、漏空墙、乱石墙依地势灵活运用，都能取得与自然环境的协调，既雅致又有山林野趣。

3.4.2　风景园林建筑的作用与类型

1. 建筑的作用

1）满足园林功能要求

园林是改善、美化人们生活环境的设施，也是供人们休息、游览和文化娱乐的场所，由于人们在园林中各种游憩、娱乐活动的需要，就要求在园林中设置有关的建筑。随着园林活动的内容日益丰富，园林现代化设施水平的提高，以及园林类型的增加，势必在园林中出现多种多样的建筑类型，满足与日俱增的各种活动的需要。不仅要有茶室、餐厅，还要有展览馆、演出厅，以及体育建筑、科技建筑、各种活动中心等，以满足使用功能上的需要。

按使用功能，园林建筑设施可分为四大类：

游憩设施——开展科普展览、文体游乐、游览观光；

服务设施——餐饮、小卖部、宾馆；

公用设施——路标、车场、照明、给排水、厕所；

管理设施——门、围墙及其他。

2）满足景观要求

（1）点景

点景即点缀风景。园林建筑要与自然风景融汇结合，相生成景，建筑常成为园林景致的构图中心或主题。其有的隐蔽在花丛、树木之中，成为宜于近观的局部小景；有的则耸立在高山之巅，成为全园主景，以控制全园景物的布局。因此，建筑在园林景观构图中，常具有"画龙点睛"的作用，以优美的园林建筑形象，为园林景观增色生辉。

（2）赏景

赏景即观赏风景。以建筑作为观赏园内或园外景物的场所，一幢单体建筑，往往为静观园景画面的一个欣赏点；而一组建筑常与游廊连接，往往成为动观园景全貌的一条观赏线。因此，建筑的朝向、门窗的位置和大小等都要考虑到赏景的要求，如视野范围、视线距离，以及群体建筑布局中建筑与景物的围、透关系等。

（3）引导游览路线

园林游览路线虽与园路的布局分不开，但比园路更能吸引游人，具有起承转合作用的往往是园林建筑。当人们视线触及优美的建筑形象时，游览路线就自然地顺视线而延伸，建筑常成为视线引导的主要目标。人们常说"步移景异"就是一种视线引导的表现。

（4）组织园林空间

风景园林中空间组合和布局是重要内容，中国园林常以一系列空间变化起、结、开、合的巧妙安排，给人以艺术享受。以建筑构成的各种形状的庭院及游廊、花墙、园洞门等，恰是组织空间、划分空间的最好手段。

2. 建筑的类型

从园林中所占面积来看，建筑无论是从比例上还是景观意义上是无法和山、水、植物相提并论的。它之所以成为"点睛之笔"，能够吸引大量游人，就在于它是其他元素无法取而代之，而且最适合人们活动和功能需求的内部空间，同时也是自然景色的必要补充。尤其在中国风景园林中，自然景观和人文景观相互依存、缺一不可，建筑便理所当然地成为后者的寄寓之所和前者的有力烘托。中国园林建筑形式多样，色彩别致，分隔灵活，内涵丰富，在世界上鲜有可比肩者。

园林建筑按照使用功能可分为：

1）游憩建筑

（1）科普展览建筑

科普展览建筑是供历史文物、文学艺术、摄影、绘画、科普、书画、金石、工艺美术、花鸟鱼虫等展览的设施。

（2）文体娱乐建筑

文体娱乐建筑包括文体场地、露天剧场、游艺室、康乐厅、健身房等。

（3）游览观光建筑

游览观光建筑不仅为游人提供游览休息赏景的场所，而且本身也是景点或成景的构图中心。它包括亭、廊、榭、舫、厅、堂、楼阁、斋、馆、轩、码头、花架、花台、休息坐凳等。

亭。"亭者，停也。所以停憩游行也"（《园冶》）。亭（图3-31）是园林绿地中最常见的建筑形式，是游人休停之处，精巧别致，为多面观景点状小品建筑，外形多成几何图形。

廊。"廊者，庑出一步也，宜曲宜长，则胜"（《园冶》）。廊（图3-32）除能遮阳避雨供作坐憩外，还起着引导游览和组织空间的作用，作透景、隔景、框景造景之用，使空间富于变化。

图3-31 亭

图3-32 廊

榭。榭（图3-33）是指有平台挑出水面观赏风景的园林建筑。榭是园林中游憩建筑之一，依借环境临水建榭，并有平台伸向水面，体型扁平。《园冶》谓："榭者，藉也。藉景而成者也。或水边，或花畔，制亦随态。"说明榭是一种借助于周围景色而见长的园林游憩建筑。其基本特点是临水，尤其着重于借取水面景色。在功能上榭除应满足游人休息的需要外，还有观景及点缀风景的作用。

舫。舫立在水边不动，故又有"不系舟"之称，也称旱船。舫（图3-34）的立意是"湖中画舫"，运用联想手法，建于水中的船形建筑，犹如置身舟楫之中。舫的原意是船，一般指小船，这里指在园林湖泊的水边建造起来的一种船形园林建筑，供游人游赏、饮宴以及观景、点景之用。整个船体以水平线条为主，其平面分为前、中、尾三段，一般前舱较高，中舱较低，尾舱则多为两层楼，以便登高眺望。

图 3-33　榭

图 3-34　舫

厅、堂。厅、堂是园林中的主要建筑。"堂者，当也。谓当正向阳之屋，以取堂堂高显之义"，厅也与之相似。厅堂为高大宽敞向阳之屋，一般多为面阔三间至五间，采用硬山或歇山屋顶。基本形式有两面开放，南北向的单一空间的厅；两面开放，两个空间的厅；四面开放的厅等。四面厅在园林中广泛运用，四周为画廊、长窗、隔扇，不设墙壁，可以坐于厅中，观看四面景色。

楼、阁。楼、阁属于园林中的高层建筑，供登高远望，游憩赏景之用。一般认为，重屋为楼，重亭且可登上而且四面有墙有窗者为阁（图 3-35）。楼（图 3-36），一般多为两层，正面为长窗或地平窗，两侧砌山墙或开洞门，楼梯可放室内，或由室外倚假山上二楼，造型多姿。现代园林中所见的楼阁多为茶室、餐厅、接待室之用。

图 3-35　阁

图 3-36　楼

阁形与楼相似，造型较轻盈灵巧，重檐四面开窗，构造与亭相似。阁一般建于山上或水池、台之上。

殿。古时把堂之高大者称为"殿"（图 3-37）。布局上处于主要地位的大厅或正房，结构高大而间架多，气势雄伟，多为帝王治政执事之处。在宗教建筑中供神佛的地方也称殿。其主要功能是丰富园林景观，作为名胜古迹的代表建筑供人们游览瞻仰。

斋。"燕居之室曰斋",意指凡是安静居住（燕居）的房屋就称为斋。古时的斋多指学舍书屋,专心攻读静修幽静之处,自成院落,与景区分隔成一封闭式景点。

馆。古人曰,"馆,客舍也",是接待宾客的房舍。凡成组的游宴场所、起居客舍、赏景的建筑物,均可称馆,供游览、眺望、起居、宴饮之用。其体量可大可小,布置大方随意,构造与厅堂类同。

轩。厅堂前的出廊卷棚顶部分或殿堂的前檐称为轩（图3-38）。园林中的轩,高敞、安静。轩,其功能是为游人提供安静休息的场所,可布置在宽敞的地方供游、宴之用。

图 3-37　殿

图 3-38　轩

华表柱。其来源于古代氏族社会的图腾标志（图3-39）。

牌坊、牌楼。在华表柱（冲天柱）上加横梁（额枋）,横梁之上不起楼（即不用斗拱及屋檐）即为牌坊（图3-40）。牌楼与牌坊相似,在横梁之上有斗拱屋檐或"挑起楼",可用冲天柱制作。

图 3-39　华表柱

图 3-40　牌坊

（4）园林建筑小品

园林建筑小品一般体形小,数量多,分布广,具有较强的装饰性,对园林绿地景色影响很大。其主要包括雕塑、园椅、园凳、园桌、展览及宣传牌、景墙、景窗、门洞、栏杆、花架等。

园椅、园凳、园桌。园椅、园凳、园桌是供游人坐息、赏景之用的建筑小品。一般布置在环境安静、景色良好以及游人需要停留休息的地方。在满足美观和功能的前提下，注意结合花台、挡土墙、栏杆、山石等设置。注意与周围环境相协调，以点缀风景，增加景观欣赏性。

展览牌、宣传牌。展览牌、宣传牌是进行科普宣传、政策教育的设施，具有利用率高、灵活多样、美化环境的优点。其一般常设在园林绿地的广场边、道路交叉或对景处，可结合建筑、游廊、围墙、挡土墙等灵活布置。

景墙。景墙有隔断、引导、衬景、装饰等作用。墙的形式很多，常与植物结合造景。

景窗、门洞。其具有特色的景窗门洞（图 3-41），不仅有组织空间和采光等作用，而且还能为园林增添景色。景窗有空窗和漏花窗等类型，常在景墙上设计各种不同形状的窗框，用以组织园内外的框景。漏花窗类型很多，主要用于园景的装饰和漏景。门洞有指示、引导和点景装饰的作用，往往给人以"引人入胜""别有洞天"的感觉。

栏杆。主要起防护、分割和装饰美化作用，一般不宜多设，也不宜过高，应将分割功能与装饰巧妙地结合起来使用。

图 3-41　门洞和景窗

花格。广泛地用于漏窗、花格墙、室内装饰和空间隔断等。

雕塑。园林雕塑有表现园林意境、点缀装饰风景、丰富游览内容的作用。其大致可分为三类：纪念性雕塑、主题性雕塑、装饰性雕塑。现代环境中，雕塑逐渐被运用在园林绿地的各个领域中。

除以上游憩建筑设施外，园林中还有花池、树池、饮水池、花台、花架、瓶饰、果皮箱、纪念碑等小品。

2）服务类建筑

这类建筑虽然体量不大，但与人们密切相关，它们集使用功能与艺术造景于一体，在园林中起着重要的作用。

（1）饮食业建筑

饮食业建筑包括餐厅、食堂、酒吧、茶室、冷饮、小吃部等。这类设施近年来在风景区和公园内已逐渐成为一项重要的设施，对人流集散、功能要求、服务游客、建筑形象等有很重要的作用，既为游人提供饮料、休息的场所，也为赏景、会客等提供方便。

（2）商业性建筑

商业性建筑包括商店或小卖部、购物中心等。主要为游客提供日常用品和糖果、香烟、水果、饼食、饮料、土特产、手工艺品等，同时还为游人创造一个休息、赏景之所。

（3）住宿建筑

住宿建筑包括如招待所、宾馆等。规模较大的风景区或公园多设一个或多个接待室、招待所，甚至宾馆等，主要为游客提供住宿、休息和赏景之场所。

（4）摄影部、售票房

摄影部、售票房主要是为了供应照相材料、制作照片、展售风景照片和为游客室内、外摄影，同时还可扩大宣传，起到一定的导游作用。票房是公园大门或外广场的小型建筑，也可作为园内分区收票的集中点，常和亭廊组合一体，兼顾管理和游憩需要。

3）公用类建筑

公用类建筑主要包括电话、通信、导游牌、路标、停车场、存车处、供电及照明、供水及排水设施、供暖设施、标志物及果皮箱、饮水站、厕所等。

（1）导游牌、路标

在园林各路口，设立标牌，协助游人顺利到达游览、观光地点，尤其在道路系统较复杂、景点丰富的大型园林中，还起到点景的作用。

（2）停车场、存车处

停车场或存车处是风景区和公园必不可少的设施，为了方便游人常和大门入口结合在一起，但需专门设置，不可与门外广场并用。

（3）供电及照明

供电设施主要包括园路照明、造景照明、生活生产照明、生产用电、广播宣传用电、游乐设施用电等。园林照明除了创造一个明亮的园林环境，满足夜间游园活动、节日庆祝活动以及保卫工作等要求以外，更是创造现代化园林景观的手段之一。园灯是园林夜间照明设施，白天兼有装饰作用，因此要注意其艺术景观效果。

（4）供水及排水设施

园林中用水有生活用水、生产用水、养护用水、造景用水和消防用水。一般水源有：引用原河湖的地表水、利用天然涌出的泉水、利用地下水、直接用城市自来水或设深井水泵吸水。消防用水为单独体系，不可混用，做到有备无患。园林造景用水可设循环水系设施，以节约用水。水池还可和园林绿化养护用水结合，做到一水多用。山地园和风景区应设分级扬水站和高位储水池，以便引水上山，均衡使用。

园林绿地的排水，主要靠地面和明渠排水。为了防止地表冲刷，需注意固坡及护岸。

（5）厕所

园林厕所是维护环境卫生不可缺少的，既要有其功能特征、外形美观，又不能过于讲究、喧宾夺主。要求厕所有较好的通风、排污设备，应具有自动冲水和卫生用水设施。

4）管理类建筑

管理类建筑主要指风景区、公园的管理设施，以及方便职工的各种设施。

（1）大门

园林大门在园林中突出醒目，给游人第一印象。依各类园林不同，可分为柱墩式、牌坊式、屋宇式、门廊式、墙门式、门楼式，以及其他形式的大门等。

（2）其他管理设施

其他管理设施是指办公室、广播站、宿舍食堂、医疗卫生、治安保卫、温室荫棚、变电室、垃圾和污水处理场等。

3.4.3　风景园林建筑规划设计

中国园林与园林建筑的关系是水乳交融的。园林中因为有了精巧、典雅的园林建筑的点染而更加优美，更适合人们游玩、观赏的需要。由于园林建筑是由人工创造出来的，比起山、水、植物来人工的味道更浓，受到自然条件的约束更少。建筑的多少、大小、式样、色彩等的处理，对园林风格的影响是很大的。一个园林的创作，是要幽静、淡雅的山林、田园风格，还是要艳丽、豪华的趣味，也主要取决于建筑的淡妆与浓抹的不同处理。园林建筑是由于园林的存在而存在的，没有园林与风景，就根本谈不上园林建筑这一建筑类型。建筑与自然环境的紧密结合，是园林建筑的基本特征，也是它区别于其他建筑类型的一个最重要的标志。园林建筑既是生活空间，也是风景的观赏点，既是休息场所，又是园林景观。

3.4.4　风景园林建筑的表现方法

1. 布局

园林建筑布局上，要因地制宜，巧于因借。建筑规划选址除考虑功能要求外，要善于利用地形，结合自然环境，与山石、水体和植物，互相配合，互相渗透。园林建筑应借助地形、环境上的特点，与自然融合一体，建筑位置与朝向要与周围景物构成巧妙的借、对关系。

2. 情景交融

园林建筑应情景结合，抒发情趣，尤其在古典园林建筑中，建筑常与诗、画结合。诗、画对园林意境的描绘加强了建筑的感染力，达到情景交融、触景生情的境界，这是园林建筑的意境所在。

3. 空间处理

在园林建筑空间处理上，尽量避免轴线对称、整形布局，而力求曲折变化、参差错落。空间布局要灵活、忌呆板，追求空间流动，虚实穿插，互相渗透，并通过空间的划分，形成大小空间的对比，增加空间层次，扩大空间感。

4. 造型

园林建筑在造型上，更重视美观的要求，建筑体形、轮廓要有表现力，要能增加园林画面的美，建筑体量的大小，建筑体态或轻巧，或持重，都应与园林景观协调统一。

建筑造型要表现园林特色、环境特色及地方特色。一般而言，园林建筑在造型上，体量宜轻巧，形式宜活泼，力求简洁、明快，在室内与室外的交融中，宜通透有度，既便于与自然环境浑然一体，又取得功能与景观的有机统一。

5. 装修

在细部装饰上，应有更精巧的装饰，既要增加建筑本身的美观，又要以装饰物来组织空间，组织画面，要通透，要有层次，如常用的挂落、栏杆、漏窗、花格等，都是良好的装饰构件。

3.5　园路与铺装

园林道路是园林的骨架和脉络，是联系各景点的纽带，是构成园林景色的重要因素。我国园林与西方古典园林在艺术风格上很不相同，反映在园林的规划布局上，西方古典园林的道路系统很重视平面上的图案花纹、几何对称，图案形的路面与几何形的树形相结合，以追求一种形式美、理性美；而我国风景园林中的园路设计，则力求顺应自然，相机灵活布局，以寻求自然的意趣。即使在一些建筑物比较规整的皇家园林中，建筑群之间虽然十分讲究中轴线的运用，但也尽可能多地自由布置山水、花木、道路，使其在建筑群中穿插、引连，以在庄严、肃穆的气氛中得到一种活泼、自由的情趣。

3.5.1　园路的作用与类型

1. 园路的作用

"因景设路，因路得景"是中国传统风景园林中园路设计的总原则。园路是园林中各景点之间相互联系的纽带，它使整个园林形成一个在时间和空间上的艺术整体，不仅解决了园林的交通问题，还是观赏园林景观的导游脉络。这些无形的艺术纽带，很自然地引导游人从一个景区到另一个景区，从一个风景环境到另一个风景环境，使园林景观像一幅幅连续的图画，不断地呈现在游人的面前。导游的连贯性与园路形态的变幻性，构成了中国园路的两大本质。人们在园林中漫步，是为了接触自然风景，投身于大自然的怀抱，去接受自然景色的无私赠予。而园路随着园林内地形环境和自然景色的变化相机布置，时弯时曲，此起彼伏，很自然地引导游人欣赏园林景观，给人一种轻松、幽静、自然的感觉，使人得到一种在闹市中不可能获得的乐趣。

2. 园路的分类

园林道路按其性质和功能可分为：

1）主要园路：从园林入口通向全园各景区中心、各主要广场、主要建筑、主要景点及管理区。它是园林内大量游人所要行进的路线，必要时可通行少量管理用车，道路两旁应充分绿化。园路宽度为 4～6 米，一般不超过 6 米，以便形成两边树木交冠的庇荫效果（图 3-42）。

2）次要园路：是主要园路的辅助道路。分散在各区范围内，连接各景区内的景点，通向各主要建筑。路面宽度常为 2～4 米，要求能通行小型服务用车辆。

3）游息小路：主要供散步休息、引导游人更深入地到达园林各个角落，如山上、水边、疏林中，多曲折自由布置。考虑两人行走，一般宽 1.2～2 米，小径也可为 1 米（图 3-43）。

图 3-42　主要园路　　　　　　　　　　图 3-43　游息小路

3.5.2　园路的设计

1. 交通性和游览性

园林道路不同于一般纯交通的道路，其交通功能从属于游览要求。对于交通的要求一般不以捷径为准则。总的来看，交通性从属于游览性，但不同类型的道路在程度上又有差异，一般主要园路比次要园路和小路的交通性要强一些。

在游览性方面，园林道路是组成导游路线的主干，是园内建筑、广场和景点内部的活动路线的分支。也就是说，园林道路只能是导游路线的一部分而不是它的全部。

2. 主次分明

园林道路系统必须主次明确，方向性强，才不致使游人感到辨别困难，甚至迷失方向。园林的主要道路不仅要在宽度和路面铺装上有别于次要园路，而且要在风景的组织上给人们留下深刻的印象。当游人在主路上行进时，如果能从不同地点、不同方向欣赏到造型别致的建筑、水花四溅的喷泉、五彩缤纷的花坛、茂密苍郁的树木……，必然会留下深刻的印象，从而有助于人们对方向的识别。

3. 因地制宜

园林的地形地貌往往决定了园林道路系统的形式。狭长的基地，园内各主要活动设施和各景点必沿带状分布，和它们相连的主要园路必呈带状形式。有山有水的园林，园内的主要活动设施往往沿湖和环山布置，园内主干道必然是套环式。从游览的角度要求，路网的安排应尽可能是环状，以避免出现"死胡同"或使游人走回头路。另外，路网呈方格状会使园路过分长直，景色少变；呈龟纹状会方向不清，皆属注意之列。

4. 疏密有致

园林道路的疏密与景区的性质、园内的地形、游人的多寡有关。一般安静休息区密度可小些，文娱活动区及各类展览区密度可大些，游人多的地方密度可稍大，地形复杂的地方密度则较小。总的来说，园路不宜过密，园路过密不但增加了投资，还有造成绿地分割过碎之弊。在城市公园规划设计中，道路的比重可大致控制在公园总面积的 10%～12%。

5. 曲折迂回

园路曲折迂回的原因有二：一方面是地形的要求，如在前进的方向遇到山丘、水体、大树、建筑等障碍物，或因山路较陡需要盘旋而上，以减缓坡度。另一方面是功能和艺术的要求，如为了增加游览程序，组织园林自然景色，而使道路在平面上有适当的曲折，竖向上随地形有起有伏，游人视线随道路蜿蜒起伏向左、向右，或仰或俯，饱览不断变化的景色；或为了扩大景象空间，使空间层次丰富，而形成时开时闭、或敞或聚、辗转多变、含蓄多趣的园路。

园林道路的曲折迂回还有扩大空间、小中见大、延长游览路线、节约用地的作用。但必须防止矫揉造作，"三步一弯，五步一转"会使人感到杂乱、琐碎。

6. 山地园林道路的布置

山地园林道路因受地形限制宽度不宜过大，一般大路宽度 1.2~3 米，小路则不大于 1.2 米。当道路坡度在 6% 以内时，则可按一般道路处理，超过 6%~10% 就应顺等高线做成盘山道以减小坡度。当山路纵坡超过 10%，下山时易滑使人有站不住脚的感觉时，就需要设置台阶，小于 10% 的坡可局部设置台阶。山道台阶每 15 到 20 级最好有一段较平坦的路面让人间歇，并适当设置园椅供人们休息眺望。如山路必须跨过冲沟峡谷，可考虑设置旱桥、索桥；如山路必须通过峭壁，则可设栈道或隧道、半隧道。对陡窄的台阶应设置栏杆，或在岩边密植灌木丛以保证安全。

所谓盘山道，是把山的道路处理成左右转折，利用道路和等高线斜交的办法减小道路坡度。道路来回弯曲转折能使游人的视线产生变化，有利于组织风景画面，风景优美的地方转折处可适当加宽休憩平台供休息眺望。

较大的山，山路应分主次。主路可形成盘山道，道路平缓，沿路设置平台坐凳供休息，次路可随地取其便捷，小路则是穿越林间的羊肠小道。

低而小的山丘，布置山路时应注意延长路线，使人对山的面积产生错觉，以扩大园林空间。在山路布置上可使道路和等高线平行或斜交，并根据地形布置成回环起伏，上中有下、下中有上、盘旋不绝以满足游人爬山的要求。

7. 台阶

台阶是为解决园林地形的高低差而设的。它除使用功能外也有美化装饰的作用，特别是它的外形轮廓富有节奏感，常可为园林小景。

台阶常附设于建筑出入口、水旁岸壁和山路等。台阶依材料分有石、钢筋混凝土、塑石等。用天然石块砌的台阶富有自然风格；用钢筋混凝土板做的外挑楼梯台阶空透轻巧；用塑石做的台阶，色彩丰富，如与花台、水池、假山、挡土墙、栏杆结合，更可为园林风景生色。台阶要布置自然，务必结合地形高低弯曲自如，处理好人工美的建筑与室外自然美的过渡。其尺度要适宜，一般室外游息的台阶应比建筑内部踏步的坡度略小，踏面宽度为 30~38 厘米，高度为 10~15 厘米，以 38 厘米×12 厘米踏步较多见。

3.5.3 风景园林铺装的类型与设计

我国园林中的道路，不仅对总体上的布局很关注，而且对路面本身的装饰作用也很注重，使路面本身成为一种风景。

园林道路（场地）的铺装，除了满足一般道路（场地）要求的坚固、平稳、耐磨、防滑和易于清扫外，还应满足园林在丰富景色、引导游览和便于识别方向的要求。在道路（场地）的铺装设计上要做到有主有次、主次分明。主路、次路、小路和各类场地在铺装形式上宜有所区别。

另外，道路场地铺装设计应服从于整个园林的造景，要力求做到艺术与功能的统一。例如大片梅林间的小道，可用预制梅花块嵌草路面，如花港观鱼的梅影坡，以达到上下呼应、浑然成趣。靠近建筑的路面或人们停留时间较长的休息场地，路面铺装要精细美观。以山地为主的园林，登山小径、路面要简洁粗犷，可用乱石或石块砌成；或就岩石凿成蹬道，使路、岩浑为一体。山地道路的路面可以借鉴传统手法，充分利用外露基岩，岩石的石质纹理、路边的蕨类植物、岩缝中的盘根错节与经过加工整理的道路镶边都是极好的装饰，这样处理，既经济节约，又富于山林野趣。

【思考与练习】

1. 简述风景园林的构成要素。
2. 列举中国古代园林中理水的意境和组景手法。
3. 试分析风景园林植物规划设计原则和配置方法。
4. 分析和归纳中国古典园林建筑与自然环境的巧妙结合的方法。
5. 如何理解中国传统风景园林中园路设计的"因景设路，因路得景"这一总原则？

第4章

风景园林规划设计的创作思维

　　风景园林规划设计是一个由浅入深、从粗到细、不断完善的过程，设计者应先进行基地调研，熟悉场地的视觉环境与文化环境，然后对与设计相关的内容进行分析和概括，最后拿出合理的方案，完成设计。这种先调研、再分析、最后综合的设计过程可分为五个阶段：设计场地实地调研分析、构思立意、功能图解、推敲形式、空间设计，其中更注重对后四个方面要点的掌握，下面将重点论述。

4.1　设计之初的构想理念

　　构想理念是风景园林的灵魂，是具有挑战性和创造性的活动。如果没有构想理念的指导，后期的设计工作往往就是徒劳。设计的构思立意来源于对场地的分析、历史发展文脉的研究、解决社会矛盾以及大众思想启迪等多方面，具体可分为两个方面：一个是抽象的哲学性理念，另一个是具象的功能性理念。

4.1.1　抽象的哲学性理念

　　哲学理念是通过设计表达场所的本质特征、根本宗旨和潜在特点。这种立意赋予场所特有的精神，使风景园林具有超出美学和功能之外的特殊意义。如果设计植根于一个强有力的哲学理念，将产生强烈的认同感，使人们在经历、体验这样一个景观空间后，能感受到景观所表达的情感，从而引起人的共鸣。设计师需要发现并且揭示这种精神的特征，进而明确空间如何使用，并巧妙地把它融入有目的的使用和特定的设计形式中。

　　抽象的哲学性理念来源于许多方面，如受哲学思想影响的东方园林，运用景观艺术营造出诗画般的意境空间；受现代艺术影响的风景园林，直接从绘画中借鉴灵感来源，用抽象的具有象征意义的手法来表现景观空间的特质；还有的从历史文脉入手，创造出具有民族文化特点的作品等。下面列举几个方面的哲学性理念，来探讨其在风景园林中的具体应用。

　　1. 从历史文脉中获取灵感

　　人类创造历史的同时也创造了灿烂的文化。每个国家、每个民族都有其自身的独特文明。文化的美积淀了一个国家、一个民族的传统习惯和审美价值，它包含了人类对生活理想的追求和美好向往。如今各国家间的交流越来越频繁，这就造成了民族文化的缺失，在巴黎、纽约、北京看到的现代建筑和景观都是非常相似的，毫无城市特色可言。所以，从文化角度出发设计具有民族文化的作品势在必行。

　　巴西园林受西方传统园林影响，保留对称设计，显得索然无味且千篇一律。但是布雷·马克斯意识到，巴西本土植物在庭院中是大有可为的，由此引发了他从历史文脉中探寻设计之路的想法。布雷·马克斯的风景园林平面形式强烈，创造了适合巴西的气候特点和植物材料的风格，开辟了巴西风景园林的新天地，如设计柯帕卡帕那海滨大道。巴西的传统建筑是漂亮的葡萄牙式建筑，瓷砖贴面装饰着院墙、商店和房子的入口，黑白棕色马赛克铺就的路面，传统的地域风情给了布雷创作灵感。他用当地出产的棕、黑、白三色马赛克在人行道上铺出精彩图案。海边的步行道用黑白两色铺设成具有葡萄牙传统风格的波纹状。布雷·马克斯的设计不单纯是对于传统的模仿，而是把传统用现代艺术的语言来表达，其作品本身就是一幅巨大的抽象绘画，他用传统的马赛克将抽象绘画艺术表现得淋漓尽致。

2. 隐喻象征手法的运用

隐喻属于一种二重结构，主要表现为显的表象与隐在的意义的叠合；象征是一种符号，象征的呈现，并不单纯表现其本身，通常有着更深层的意义。隐喻象征的手法给景观增添很多情趣，不同的人对于带有隐喻的设计符号的景观给予不同的解释，给空间带来独特的内涵，如哈普林在加利福尼亚州旧金山设计的"内河码头广场喷泉"是由一些弯曲的、折断的矩形柱状体组成。作为城市经历了剧烈地震所造成的混乱和破坏的象征物，它提醒人们这座城市坐落在不良的地质带之上。还有的设计师用圆形来隐喻生命的周期，如位于伦敦海德公园里的戴安娜王妃纪念喷泉。它是一个巨大的环形喷泉，设计者用圆形象征生命的轮回，喷泉其中一面的水会潺潺而流，象征戴安娜王妃生命中快乐的日子，而另一面则是翻腾的水流夹带着小石子，象征戴安娜王妃生命中喧嚣的时刻，喷泉两面不同速度的水流最终汇聚在平静的水池中，象征戴安娜王妃现在的宁静。

3. 场所精神的体现

场所精神，是根植于场地自然特征之上的，对其包含及可能包含的人文思想与情感的提取与注入，是一个时间与空间、人与自然、现世与历史纠缠在一起的，留有人的思想、感情烙印的"心理化地图"。中国的古典园林讲求的意境就是一种场所精神的表现，把自然山水与人的思想融合，从而使园林的美不只停留在审美的表象，而具有更深的内涵，形成了一种情感上的升华。肯尼迪纪念花园的设计也是体现场所精神的一个作品。1963 年 11 月 22 日肯尼迪总统遇刺，不久，英国政府决定在兰尼米德一块可以北眺泰晤士河的坡地上建造一个纪念花园。设计者杰里科是英国风景园林的代表人物，他在设计时没有采用具有震撼力的大手笔的纪念风景园林模式，而是反其道行之，选择了一种舒缓平和的方式，用质朴自然的要素来表现场所特有的精神。一条小石块铺砌的小路蜿蜒穿过一片自然生长的树林，引导参观者到山腰的长方形纪念碑。纪念碑和谐地处于英国乡村风景中，像永恒的精神，让游人凝思遐想。白色纪念碑后的美国橡树在每年 11 月份叶色绯红，具有强烈的感染力，这正是肯尼迪总统遇难的季节。再经过一片开阔的草地，踏着一条规整的小路便可到达让人坐下来冥想的石凳前，在这里可以俯瞰泰晤士河和绿色的原野，象征着未来和希望。杰里科希望参观者能够通过潜意识来理解这朴实的景观，使参观者在心理上走过一段长远而伟大的里程，这就是一个人的生、死和灵魂，从而感受物质世界中看不到的关于生活的深层含义。

曾获得 1980 年普利兹克建筑奖的巴拉甘常常将建筑、园林连同家具一起设计。他的园林以明亮色彩的墙体与水、植物和天空形成强烈反差，创造宁静而富有诗意的心灵的庇护所。巴拉甘 1902 年出生于墨西哥哈利斯科省的乡村，这里的人们住在有天井的房子里，树干被掏空，做成水槽，在村庄的屋顶上纵横交错，水顺着水槽边沿流下来，滋润青翠的苔藓。这些乡土建筑和传统的乡村生活方式给巴拉甘以后的建筑和景观设计留下了深刻的印象。巴拉甘园林作品中的一些要素——彩色的墙、高架的水槽和落水口的瀑布等已成为墨西哥建筑风格的标志。他注重在建筑与园林空间中创造神秘和孤独，对他来说，设计是一个发现的过程，只有那些具备美丽和能够感动人品质的作品才是正确的。他构造的空间能唤起一种情感，一种心灵的反应，一种怀旧的情结和为人们的思想提供一种归属感。他的作品强化了孤寂、神秘、喜悦、死亡。巴拉甘说花园的精髓就是具有人类所能达到的伟大的宁静。巴拉甘的作品赋予物质环境一个精神的价值，他将人们内心深处的、幻想的、怀旧的和来自遥远世界中的情感重新唤起。

4.1.2 具象的功能性理念

具象的功能性理念是指设计的立意源自解决特定的实际问题，如减少土壤侵蚀、改善排水不良地面、保护生态、减少经济投入等问题，具有积极的现实意义。解决这些问题可能不像哲学性理念那样有一个很明确的场所情感，但它却常影响最终的设计形式。具象的功能性理念在风景园林中主要体现在以下几方面。

1. 从解决场地的实际问题入手

场地的实地调研是设计的基础，往往也是设计灵感的来源。因为在调研时设计师对场地就产生了感知，也就是说设计师已经品读了场地的"气质"，这可能刺激设计的灵感。在调研过程中通过分析得到场地的地域地貌特征，有被保留利用的积极因素，也有给设计造成困难的不确定元素，而这些问题就需要设计师从解决实际问题入手。有的利用场地保留的元素作"文章"，也有的把目光放在了那些给设计造成困难的不确定元素上。如沈阳建筑大学建筑研究所设计的大连龙王塘樱花园项目，它的设计理念正是来源于基地中最大的"困难"。樱花园坐落在一条南北走向的山谷之中。它的北面是大连龙王塘水库大堤，当年日本人在山谷中修水库、筑堤坝，又在大坝南侧种植了大片的樱花树。恰在这青山碧谷的正中间，日本人修筑了一条最宽处达 50 米的人工泄洪渠，渠深2～3 米，宽大而笔直，从水库大坝"旁若无人"地一直通向南面的大海。尽管建成后几十年从未用它泄过洪，但只要有水库就不能不保留这条"无用"却又不得不"有"的"旱渠"。它像一条十分显眼的疤痕，令这片天赐的山水为之失色。设计的关键之处在于对泄洪渠问题的解决。它的位置居中，占地达 4 万平方米，若无合理而巧妙的处理，整个项目的设计效果就无从谈起。解决这个设计难题的方法归纳起来大致分成三种类型："移位法"——将渠移到东侧或西侧的山脚下，沿山而行，腾出完整的谷中空间供建设需要；"注水法"——将渠中注满水，化不利为有利，使它成为谷内景观中心。这两类处理方式各有所长，但是巨大的土方工程或注水量都是难以实现的，更何况渠底高差达5 米多，要注水就必须设橡皮坝，如此又将影响必要时的泄洪功能。设计师吸纳了中国传统艺术中的"意境设计"手法，以"虚"代"实"，以"无"喻"有"，以"旱河景观"的构思体现"江南水乡"的意境。恰似中国画的写意留白，无须画水，仅以船、虾、鸭示意水景；又如京剧表演，无须实景，仅以扬鞭示意骑马，以抬步示意登城。这个设计以渠底的局部浅池、岸壁瀑布、波形铺地示意水流，配合临水建筑和绿化小品，形成一幅"此处无水胜有水"的"旱河水乡"画面，并将这条旱河命名为"生命谷"，赋予它以休闲和体育活动为内容的功能主题。设计师在渠内设置多种休闲与运动场地，允许人们进入其中休憩、锻炼、游戏。人是活动因素，能在洪水警戒期安全、迅速地撤离，既不影响泄洪要求，又赋予它以新的生命与活力。由于设计的立意是根植于解决场地实际问题，把不利的因素通过设计立意巧妙地转化，反而成为设计的一大特色。

2. 从改善社会现实问题入手

风景园林师通常都是社会活动家，对于社会有着强烈的责任感，对于社会环境的变迁保持着敏锐的触角。风景园林根本的意图就是提升人类的生存环境质量，缓解社会问题。许多设计作品的立意是从改善社会现实问题的角度出发。第二次世界大战结束后，美国社会处在巨大的变化之中，大量退伍军人的涌入使城市人口大大增加，面对城市环境的恶化，中产阶层家庭逐渐迁移到市郊。美国与欧洲国家不同，欧洲国家由于历史原因，稠密的城市与丰富的广场并存，而美国的城市大多是繁杂、拥挤的地方，只有极少的开放空间。在这种生活环境下，设计师面临巨大的机遇和挑战。劳伦斯·哈普林通过对社会现状的思考，尝试在都市尺度和人造环境中，依据他对自然的体验来进行设计，将人工化了的自然要素插入环境，以此来改善社会环境质量恶化的局面。他为波特兰市设计了一组广场和绿地，三个广场由一系列已建成的人行林荫道来连接。爱悦广场是这一系列的第一站，是为公众参与而设计的一个活泼而令人振奋的中心。广场的喷泉吸引人们进入其中，从而发掘出对瀑布的感觉。喷泉周围是不规则的折线台地。系列的第二个节点是柏蒂格罗夫公园。这是一个供人们休息的安静而青葱的多树荫地区，曲线的道路分割了一个个隆起的小丘，路边的座椅透出安详休闲的气氛。波特兰系列的最后一站是演讲堂前庭广场，这是整个系列的高潮。混凝土块组成的方形广场的上方，一连串的清澈水流自上层开始以激流涌出，从 24 米宽、5 米高的峭壁上笔直泻下，汇集到下方的水池中。爱悦广场的生气勃勃，柏蒂格罗夫公园的松弛宁静，演讲堂前庭广场的雄伟有力，三者互相形成了对比，又互为衬托。对劳伦斯·哈普林来说，波特兰系列广场所展现的是他对自然的独特理解：爱悦广场的不规则台地，是自然等高线的简化；广场上休息廊的不规则屋顶，来自对落基山山脊线的印象；喷泉的水流轨迹，是他反复研究加州席尔拉山山间溪流的结果；而演讲堂前庭广场的大瀑布，更是对美国西部悬崖与台地的大胆联想。他设计的岩石和瀑布不仅是景观，也是人们游憩的场所。

3. 从生态保护角度入手

风景园林师要处理的对象是土地综合体的复杂问题，他们所面临的问题是土地、人类、城市和一切生命的安全与健康以及可持续发展的问题。很多的风景园林师在设计中遵循生态的原则，遵循生命的规律，并以此为设计的立意之本。如反映生物的区域性；顺应基址的自然条件，合理利用土壤、植被和其他自然资源；依靠可再生能源，充分利用日光、自然通风和降水；选用当地的材料，特别是注重乡土植物的运用；注重材料的循环使用并利用废弃的材料以减少对能源的消耗等。由德国慕尼黑工业大学教授彼得·拉茨设计的杜伊斯堡风景公园是一个生态设计成功的例子。

杜伊斯堡风景公园坐落于杜伊斯堡市北部，这里曾经是一个有百年历史的钢铁厂，尽管这座钢铁厂在历史上曾辉煌一时，但它却无法抗拒产业的衰落，于 1985 年关闭了，无数的老工业厂房和构筑物很快淹没于野草之中。1989 年，政府决定将工厂改造为公园。彼得·拉茨的事务所从 1990 年起开始风景园林工作，经过数年努力，1994 年公园部分建成并开放。规划之初，小组面临的最关键问题是如何处理这些工厂遗留物，如庞大的建筑和货棚、矿渣堆、烟囱、鼓风炉、铁路、桥梁、沉淀池等，能否使它们真正成为公园建造的基础？如果答案是肯定的，又怎样使这些已经无用的构筑物融入今天的生活和公园的景观之中。彼得·拉茨的设计思想理性而清晰，他要用生态理念处理这片破碎的地段。首先，处理公园的方法不是努力掩饰这些破碎的景观，而是寻求对这些旧有的景观结构和要素的重新解释。上述工厂中的构筑物都予以保留，部分构筑物被赋予了新的使用功能。高炉等工业设施可以让游人安全地攀登、眺望，废弃的高架铁路可改造成为公园中的游步道，高高的混凝土墙体可成为攀岩训练场，并被处理为大地艺术作品。设计从未掩饰历史，任何地方都可以让人们去看、去感受历史，建筑及工程构筑物都作为工业时代的纪念物保留下来，它们不再是丑陋难看的废墟，而是如同风景园中的点景物，供人们欣赏。其次，工厂中的植被均得以保留，荒草也任其自由生长，工厂中原有的废弃材料也得到了尽可能的利用。红砖磨碎后可以用作红色混凝土的部分材料，厂区堆积的焦炭、矿渣可成为一些植物生长的介质或地面面层的材料，工厂遗留的大型铁板可成为广场的铺装材料。此外，水可以循环利用，污水被处理，雨水被收集，引至工厂中原有的冷却槽和沉淀池，经澄清过滤后，流入埃姆舍河。彼得·拉茨最大限度地保留了工厂的历史信息，利用原有的"废料"塑造公园的景观，从而最大限度地减少了对新材料的需求，减少了对生产材料所需能源的索取。这些景观层自成系统，各自独立按风景园林原理连续地存在，只在某些特定点上用一些要素，如坡道、台阶、平台和花园，将它们连接起来，以获得视觉、功能、象征上的联系。

设计立意往往来自对场地的详细了解与分析。场地条件，包括思想上的和物质上的，也包括自然方面的和人文方面的，它往往是形成立意与产生灵感的基础。生活中还有很多方面能够激发设计师的创作灵感，如现代风景园林兴起初期，设计师从现代建筑和艺术的理论作品中汲取创作的养分。但值得注意的是，风景园林的立意应该是积极的，能够对社会发展起到促进作用，那种只为标新立异而毫无价值的立意应该避免。举个例子，一个水龙头，一直以来都是顺时针旋转关闭，逆时针旋转开启。你可以改变它的样子和材料，也可以改变它的开启方式，如上下开启、电子开启，这些可以称之为创新，但如果你还保留旋转的开启方式，却非要把它变成逆时针关闭，顺时针开启，这就不是一种创新，而是盲目地哗众取宠，因为它违背了常规的使用习惯，不仅没有为生活带来便利，反倒造成了麻烦，没有任何意义。

4.2　设计图解分析

在确定了设计立意之后，还应该根据设计内容进行功能图解与分析。每个风景园林都有特定的使用目的和基地条件，使用目的决定了风景园林所包括的内容，这些内容有各自的特点和不同的要求，因此，需要结合基地条件合理地进行安排和布置，一方面为具有特定功能的内容安排相适应的基地位置，另一方面为某种基地布置恰当内容。尽可能地减少功能矛盾，避免动静分区交叉冲突。风景园林功能分析有如下几方面的内容：①找出各使用区之间理想的功能关系；②在基地调查和分析的基础上合理利用基地现状条件；③精心安排和组织空间序列。

4.2.1 定义与目的

功能图解是一种随手勾画的草图，它可以用许多气泡图形和图解符号形象地表示出设计任务书中要求的各元素之间以及与基地现状之间的关系。功能图解以符号形象地表示出基地分析和基地设计条件图（而不是基地详图）。功能图解的目的就是要以功能为基础作一个粗线条的、概念性的布局设计。它的作用与书面的简要报告相似，就是要为设计提供一个组织结构，功能图解是后续设计过程的基础。功能图解研究的是与功能和总体设计布局相关的多种要素，在这个阶段不考虑具体外形和审美方面的因素，因为这些都是以后才考虑的问题。

设计师通过功能图解的图示语言就整个基地的功能组织问题与其他设计师或业主进行交流。这种图形语言使构思很快地表达出来。在初始阶段，设计师脑中会浮现大量图像画面或是构思，通过功能图解可以将它们形化、物化。有些构思可能较具体，而另一些则较概括模糊，这时就需要将它们快速画在纸上以便日后进一步深入。画得越快，其构思的价值大小就越容易判断。由此可见，功能图解的图形语汇对于快速表达而言，是不可多得的工具。此外，由于功能图解是随手勾画的，形式很抽象概括，所以改动起来十分容易。这有利于设计师探寻多个方案，最终获得一个合适的设计方案。

4.2.2 功能图解的重要性

功能图解对整个设计很关键，因为它能：①为最终方案奠定一个正确的功能基础；②使设计师保持在宏观层面上对设计进行思考；③使得设计师能够构想出多个方案并探讨其可能性；④使设计师不只是停留在构思阶段，而是继续迈进。

1. 建立正确的功能分区

一个经过审慎考虑的功能图解将使后续的设计过程得心应手，所以它的重要性不管怎么强调都不过分。合理的功能关系能使各种不同性质的活动、内容的完整性和整体秩序性得到落实。因设计的外观如形式、材料和图案均不能解决功能上的缺陷，所以设计一开始就要有一个正确的功能分区，没有经验的设计师最常犯的一个错误就是一拿到设计，就在平面上画很具体的徒手勾画的功能图解空间形式和设计元素，例如平台、露台、墙和种植区的边界线在功能考虑得还不是很充分的情况下就赋予了高度限定的形式。类似的如材料及其图案的位置和对应的功能还没敲定，就画得过细。像这样，太早关注过多的细节会使设计师忽略一些潜在的功能关系，功能图解中的空间应该用气泡徒手勾画，而不用画出具体形状或形态。

2. 时间因素的影响

先总体考虑再深入做细节设计的另一个原因就是时间因素。因为在设计过程中改动是不可避免的，太早确定细节后再更改将会造成时间浪费。当然，在每个设计阶段都会有变更，但是在初始阶段，如果用功能图解的图形语言合适地组织总体功能的话，改动起来就十分迅速，耗费的精力也少。

3. 探讨多种方案

显而易见，随着设计经验的增多，设计师将会在脑中积累许多构思。不管是通过拍照还是实地去体验，设计师都会画大量的草图作为将来的参考资料。大脑中的这些构思存档很有价值，大部分设计师都通过设计和亲身体验来扩充大脑中的"构思"库，这种视觉信息的宝库直接促成最初的构思。有时这些构思很对路，随之结果方案很快就成形了。但是请记住，这只是一个构思而已，而且只是第一个构思。它也许不错，但是在没有与其他构思比较之前，你无法确定它是最好的。只有在加以比较之后，才能出现一个较好的设计思路。因为它使得设计师面对任何一个给定的项目，都能想出几种不同的方案。尝试构思不同的方案对设计师的成长非常重要，因为这有助于形成新的构思。功能图解的图形具有快速而简单的特征，这往往会激发设计师去尝试不一样的方案。

4.2.3 功能图解的方法

在功能图解过程中，设计师要使用徒手的图解符号对任务书中的所有空间和元素进行第一次定位。当图解完成的时候，任务书中的每个空间或元素的位置也就确定了。与这个阶段相关的设计因素有：比例与尺度、位置、概念性表现符号和竖向变化。

1. 比例与尺度

在勾画功能图解之前，设计师应该清楚设计中各空间和元素的大概尺寸。这一步很重要，因为在一定比例的方案图中，数量性状要通过相应的比例去体现。比如要设计一个能容纳 50 辆车的停车场，就需要迅速估算出它所占的面积。

在确定了必要的大小之后，将任务书中的每个空间和元素画在一张白纸上。每个内容都必须使用与基地设计条件图一致的比例，按其大致的尺寸及比例用徒手绘制的"泡泡图"表示。有时仅用数字来描述空间的大小很难让人确切理解它在基地中的实际大小。例如："100 平方米"的区域大小并不很让人明了，只有当这块区域按给定的比例以泡泡图的形式表现时，设计师才能较清楚地看到它占据了平面中的面积大小，因此，当空间以给定比例绘出时，设计师能够对空间的大小一目了然。按比例勾出各空间和要素之后，设计师就会更清楚哪些功能应该放在基地中的什么位置。

然后要考虑的是可获得的空间。每个空间和元素都必须与它在基地中所选的位置大小吻合。不是任务书中的所有空间和要素都能够放在基地中。当一个空间相对于基地中的某块特定区域而言太大时，问题就出现了。这种情况就需要重新组织功能图解，删减某些空间或元素。

2. 位置

在基地中确定各个拟定空间和元素的位置应该以功能关系、可以获得的空间和现有基地条件三点为依据。

首先看功能关系，基地中的每个空间和元素的位置都应该与相邻的空间和元素有良好的功能关系。那些联系密切的功能分区应该相邻设置，而那些不相兼容的功能应当分开设置。这个阶段可借助图示法来分析使用区之间关系的强弱。可用线条来连接联系紧密的分区，也可将各项内容排列在圆周上，然后用粗细不同的线表示其关系的强弱。

此外，要考虑现有基地条件，基地分析时所做的观察和建议能够在功能图解中得以体现并表现出来。例如，现准备在两面临街、一侧为商店专用的停车场的小块空地上建一处街头休憩空间。那么，在功能方面，则需要设置休息区（座椅）、服务区（饮水装置、废物箱）、观赏区（树木、铺装）等。同时，还要求能符合行人路线，为购物或候车者提供愉悦休憩的空间。

3. 概念性表现符号

在这一设计发展的阶段，使用抽象而又易画的符号是很重要的。它们能很快地被重新配置和组织，这能帮助设计师集中精力做这一阶段的主要工作，即优化不同使用面积之间的功能关系，解决选址定位问题，发展有效的环路系统，推敲一些设计元素为什么要放在那里并且如何使它们之间更好地联系在一起等。普遍性的空间组织形式，不管是下陷还是抬升，是墙面还是顶棚，是斜坡还是崖径，这些功能都会在这一概念性表现符号阶段得到进一步发展。

1）轮廓

轮廓是指一个空间的总体形状，可用易于识别的一个或多个不规则板块和圆圈来表示不同的空间。每一个圆圈的比例象征着空间属性的大小。

2）边界

用不同大小的板块表示空间，一个空间的外部边界的形成有几种不同的方式，可以是对地面的不同材质进行限定，也可以是立面上的坡度或高差，种植的植物、墙、栅栏或是建筑。风景园林规划设计原理中边界的透明度不同，其特征就不一样。因此，功能图解中泡泡图周围的轮廓线应详尽地表明其是否透明的特征。透明度是指空间边缘透明的程度，它影响人们视线的通畅。

3）流线

流线关注的是沿着空间基本运动线路的各个空间的出入点。入口和出口的位置可以在图解中用简单的箭头标出，这里，箭头表明了进出空间的运动方式。除了出入口，设计师还须确定穿过空间的最主要运动线路以规划出一条连续的流线，这可以用简单的虚线和指向运动方向的箭头来表示，并且这一步应该只针对主要的运动线路，而不是每一条可能的运动路径。

当然，不仅要考虑流线的位置，对其密度和特征也要加以考虑。如前所述，可以用虚线和箭头这类图形符号来表示流线，而流线的其他一些特征如密度则可用更为具体的箭头种类来表示。流线密度是指流线路径的使用频率及重要性。

4）视线

视线是功能图解中应该研究的另一个主要因素。人在空间中从一个区域或一个特定的点能看到什么或看不到什么，对于整个设计的组织和体验很重要。在功能图解的发展过程中，设计师关注的是对主要空间来说最有意义的那些视线。

4. 竖向变化

竖向变化在功能图解中同样应该给予关注表述，因为在这个时期设计师开始思考景观的三维形式。在图解中各空间之间的高度变化的表示方法之一就是利用点来标示其高度，这种方法表达了设计师决定哪些空间比其他空间高且高多少的设计意图。另外一种表示高差的方法就是用线表示出沿流线的踏步位置。

如前所述，设计师在准备功能图解时要考虑各种不同的设计因素，这些因素相互影响，所以应该综合起来考虑。当功能图解完成的时候，整个基地都应该布满泡泡图和其他代表所有必要的空间和元素的图形符号。整个布局中不应该出现空白的区域或是"孔洞"，如果出现这样的地方则说明设计师还未想好这块地的用处，这时应该确定其作何功能。

对这个阶段的另一个建议就是切记要尝试多个不同的选择，实际上，初始阶段一般以 2～3 个方案为宜。这使得设计师在组织基地的功能时更有创造性，并且还可能发现比最初设想更为完善的解决办法。在考虑过一系列方案后，设计师最好在其中选择一个最佳方案或是综合几个方案的精华，然后继续深化。

4.2.4 功能图解实例分析

1. 基地现状

基地南侧、西侧是主要道路，基地内有四处保留的植被，位于基地西侧有一条贯穿场地的小溪。

2. 基地任务书

拟建社区服务中心，包括礼堂、图书馆、会议室、停放 100 辆小汽车的停车场。环境包括广场、服务区、圆形剧场、公共用地、种植区等场所。

3. 功能图解考虑思路

①为了尽可能地减少现有小溪和植被的干扰，先把三个主要建筑物定位；

②设计能停放 100 辆小车的停车场；

③使停车场出入口尽可能不相互影响；

④使人行道便于通向邻近的街区；

⑤设计多用途的广场或古罗马式圆形竞技场，以满足临时表演、户外课堂、娱乐、艺术展、雕塑展等之需；

⑥标出放置某些设施的位置；

⑦设计一些开敞的草坪空间以供休闲。

4.3 设计形式表达

这些思想能很容易且很快地按一定比例在方案图上表现出来。首先对场地清单进行分析，它记录着场地的现状，然后用符号对场地进行分析。在这些概念发展的过程中，最好避免制定具体形式和形状。无定形的泡影的线在这个状况下代表用途区域，并不表示特定物质的精确边界。定向箭头代表走廊的运动方向，也不表示它的边界。可以指出一些表面物质如硬质景观、水、草坪、林地的类型，但没有必要去表示细节，如颜色、质地、图案、样式等。

从概念到形式的跳跃被看成是一个再修改的组织过程。在这一过程中，那些代表概念的圆圈和箭头将变成具体的形状，可辨认的物体将会出现，实际的空间将会形成，精确的边界将被绘出，实际物质的类型、颜色和质地也将会被选定。

4.3.1 设计的基本元素

下面把设计的基本元素归纳为 10 项，其中前 7 项是可见的常见形式，即点、线、面、形体、运动、颜色和质感，后 3 项是无形的要素，即声音、气味、触觉。

1. 点

点是构成形态的最小单元，不仅具有大小、位置，而且随着组织方法的不同，可以产生很多效果。比如，点可以排列成线，单独的点元素可以起到加强某空间领域的作用。当大小相同、形态相似的点被相互及严谨地排成阵列时，会产生均衡美与整齐美。当大小不同的点被群化时，由于透视的关系会产生或加强动感，富于跳动的变化美。

风景园林艺术中，点的形式通常是以"景点"的形式存在。最常见的如雕塑、具有艺术感的构筑物、形象独特的孤植等。当进行设计构图时，应以景点的分布控制整个景观。要点在于均衡布置景点，合理安排功能分区及组织游览内容，充分发挥景点的核心作用。当然，中心区域景点应适当集中，以突出重点，但必须注意不能过分集中，否则容易造成功能上的不合理和交通上的拥挤。因此，景点需坚持合理运用原则及相互呼应原则，应用单独点元素创造空间领域感，以此强化空间的作用。

2. 线

线存在于点的移动轨迹，是面的边界，也是面与面的交界或面的断、切截取处，具有丰富的形状，并能形成强烈的运动感。线从形态上可分为直线（水平线、垂直线、斜线）和曲线（弧线、螺旋线、抛物线、双曲线及自由线）两大类。在风景园林中有相对长度和方向的回路长廊、围墙、栏杆、溪流、驳岸、曲桥等均为线。

1）直线在园林艺术中的应用

直线在造型中常以三种形式出现，即水平线、垂直线和斜线。直线本身具有某种平衡性，虽然是中性的，但很容易适应环境。由于直线是抽象的，所以具有表现的纯粹性。在景观中，直线有时具有很重要的视觉冲击力，但直线过分明显则会产生疲劳感。因此，在风景园林中，常用直线造型对景观进行调和补充。

水平线平静、稳定、统一、庄重，具有明显的方向性。水平线在景观中的应用非常广泛，直线形道路、直线形铺装、直线形绿篱、水池、台阶等都体现了水平线的美。

垂直线给人以庄重、严肃、坚固、挺拔向上的感觉，园林艺术中常用垂直线的有序排列表现节奏律动美，或加强垂直线以取得形体挺拔有力、高大庄重的艺术效果。如用垂直线造型的疏密相间的园林栏杆及围栏、护栏等，它们有序排列的图案形成有节奏的律动美。景观中的纪念性碑塔是典型的垂直造型，刚直挺拔、庄重的艺术特点在这里体现得最充分。

斜线动感较强，具有奔放、上升等特性，但运用不当会有不安定和散漫之感。园林中的雕塑造型常常用到斜线，斜线具有生命力，能表现出生气勃勃的动势，另外也常用于打破呆板沉闷而形成变化，达到静中有动、动静结合的意境。但由于斜线的个性特别突出，一旦使用，往往处于视觉中心，同时对于水平和垂直线条组成的空间有强烈的冲击作用，因此要考虑好与斜线相配合的要素设计，使之与整个环境相协调。由于现代审美趋向于简洁明快、动感和个性，因此设计中简洁的直线几乎无处不在，表现形式越来越理性和抽象化，各种直线成为艺术中常用的表达要素。这种思想也影响了现代风景园林，现代风景园林运用直线创作出许多引人注目的园林景观，直线有时是设计师对自然独特的理解表达。美国风景园林大师彼得•沃克在他的极简主义景观作品中就大量使用了直线，例如，他在福特沃斯市伯纳特公园的设计中，以水平线和垂直线为设计线形，用直交和斜交的直线道路网、长方形的水池和有序排列的直线形水魔杖构架了整个公园。

2）曲线在园林艺术中的应用

曲线的基本属性有柔和性、变化性、虚幻性、流动性和丰富性。曲线分两类：一是几何曲线，二是自由曲线。几何曲线的种类很多，如椭圆曲线、抛物曲线、双曲线等。几何曲线能表述饱满、有弹性、严谨、理智，有明确的现代感觉，同时也有机械的冷漠感。自由曲线是一种自然的、优美的、跳跃的线形，能表达丰满、圆润、柔和、富有人情味的感觉，同时也有强烈的活动感和流动感。曲线在风景园林中的运用最广泛，园林中的桥廊、墙，以及驳岸建筑、花坛等处处都有曲线的存在。

为了模仿和体现自然，中国古典园林中几乎所有的线都顺应成自然的曲线——山峰起伏、河岸湖岸弯曲、道路蜿蜒，植物配置也避免形成规则的直线，总要高低错落、左右参差，形成自然起伏的林冠竖向线（林冠线）和自然弯曲的林冠投影线（林缘线），即使是亭台楼阁等人工建筑，也使其屋顶起翘形成自由的曲线。另外，园林道路的线形也是自然弯曲的园路，曲线在有限的园林中能最大限度地扩展空间与时间，在园路和长廊中处处展现她的丰姿。

现代风景园林中，曲线更是以多种形式出现，形成了各具特色的景观。女艺术家塔哈所设计的新泽西州特伦顿市环境保护局庭院绿茵园就是利用各种叠加在一起的曲线形成层层叠叠的硬质景观，仿佛大海退潮后在沙滩上留下的层层波纹；纽约亚克博·亚维茨广场上的主要景观就是利用流畅的曲线座椅形成独特的广场景观。

人们在紧张工作之余都喜欢缓和一下生活节奏，希望从紧张的节奏中解放出来，而曲线能带给人们自由、轻松的感觉，并能使人们联想到自然的美景，因此，曲线成为风景园林中人们所偏爱的造型形式。但曲线的弯度要适度，有张力、弹力，才能显现出曲线的美感，因此，在运用曲线的时候要注意曲线曲度与弯度的设计。

3. 面

几何学中面的含义是：线移动的轨迹，或者是点的密集。外轮廓线决定面的外形，可分为几何形面和自由曲面。

从空间角度看，景观中面的构成可以分为底面、顶面和垂直面。底面通常用高差、颜色、材质的变化来对空间进行限定，如休息椅与铺地在色彩、形状和质地上规则相交，以平面、严肃的装饰方式表现高差和绿化等元素，使底面体现了严谨的风格和观赏性；顶面的定义很自由，如大树的树冠和蓝蓝的天空都可以作为顶面要素，会使空间变得富有功能意义与安全感；垂直面是三个面中最显眼也最易于控制的要素，在创造室外空间时起着重要的作用，它是空间分隔的屏障和背景。分隔，一般是在场所中将功能进行分区的手段，分隔的手法很多，有高的、矮的、暂时的等。屏障，比如空间中设置的一片墙，除了空间分隔功能外，还起到增加私密性的作用。作为屏障的树木起到过滤风、声音、空气污染以及遮挡太阳光的作用。空间中适当的背景处理，可以避免注意力的分散，避免不必要事物的干扰，使兴趣集中于所观察的事物，成功衬托被展示物体的最佳品质。美国著名风景园林理论家、设计师约翰·奥姆斯比·西蒙兹教授认为，底面的规划模式大多设定了空间的主题，而垂直面则调节并产生了那些丰富和谐的表现形式。

4. 形体

当面被移位时，就形成三维的形体。形体被看成是实心的物体或由面围成的空心物体。就像一座房子由墙、地板和顶棚组成一样，户外空间中的景观形体由垂直面、水平面或底面组成。把户外空间的景观形体界面设计成完全或部分开敞的形式，就能使光、气流、雨和其他自然界的物质穿入其中。

5. 运动

当一个三维形体被移动时，就会感觉到运动，同时也把第四维空间——时间当作了设计元素。然而，这里所指的运动，应该理解为与观察者密切相关。当我们在空间中移动时，我们观察的物体似乎也在运动，它们时而变小时而变大，时而进入视野时而又远离视线，物体的细节也在不断变化。因此，在户外景观形体设计中，这种运动的观察者的感官效果比静止的观察者对运动物体的感觉更有意义。

6. 颜色

所有的物体表面都有其特定的颜色，它们能反射不同的光波。在风景园林中用色是很特殊的，它不同于绘画，而是纯粹靠自然色彩的组合。色彩一般分为冷调和暖调，冷调是以青色系为主，暖调是以红色系为主。冷色调的特点是平静、舒适、安全等；暖色调的特点是热烈、兴奋、温暖等。不同的景观为了满足不同的需要而设计，而不同的功能对景观空间环境的需求不同，因而对色彩的设计要求也不同。例如纪念性建筑、烈士陵园等景观场所营造的气氛是庄重的、肃穆的、严肃的，而这时较为稳重的冷色系中的类似色的色彩设计可以营造出相应的气氛；而娱乐性空间，例如主题公园、游乐园等则需要营造出活跃的、热烈的、欢快的气氛，这时就应该充分利用明度和彩度比较高的对比色来形成丰富的视觉感受；在安静的休息区，需要的是宜人的、舒适的、平和的气氛，这时应该采用以近似色为主以及较为调和的色彩进行设计，并以自然环境色彩为主，同时要有一些重点色形成视觉的焦点，从而满足人较长时间休息的心理需要。

色彩突出景观的个性，创造富有特色的景观空间，是设计者永恒的追求。色彩应从场所文化中提炼与表达，根据法国色彩学家朗科洛关于色彩地理学的分析，地域和色彩是具有一定联系的，不同的地理环境有着不同的色彩表现。设计师只有深入了解当地的民俗文化、体验当地的生活，才能领会场所的精神，提炼出场所的"色彩"，并将这种色彩应用到风景园林中来。从大的范围来讲，这种色彩可以是一种民族的色彩、区域的色彩。例如，中国人认为红色是喜庆的色彩，因此，在节假日和喜庆的日子里，少量点缀一些红色就可以把气氛烘托出来，如挂上红灯笼，系上红绸子，摆上红色的花坛等；又例如，墨西哥人热爱阳光，感情热烈奔放，因此墨西哥著名的景观建筑师路易斯·巴拉甘对各种浓烈色彩的运用是其设计中鲜明的个人特色，这些后来也成为墨西哥建筑的重要设计元素。他所设计的墙体的色彩取自墨西哥的传统色彩尤其是民居中绚烂的色彩，传统的墨西哥文化通过巴拉甘对色彩的应用得以充分表达。

7. 质感

质感指视觉或触觉对不同物态（如固态、液态、气态）特质的感觉，是由于感触到素材的结构而产生的材质感，或产生于颜色和映象之间的突然转换。例如，我们从粗糙不光滑的质感中能感受到的是野蛮的、男性的、缺乏雅致的情调，从细致光滑的质感中则感受到的是女性的、优雅的情调。从金属上感受到的是坚硬、寒冷、光滑的感觉；从布帛上感受到的是柔软、轻盈、温和的感觉；从石头上感受到的是沉重、坚硬、强壮的感觉。

质感可以分为人工的、自然的、触觉的和视觉的。设计中要充分发挥素材固有的美，材质本身固有的感受给人一种真实感、细腻感，可以营造出丰富的视觉感受，因此质感是风景园林中一个重要的创作手段，在设计中应该强化其特征，用简单的材料，创造出不平凡的景观，体现出设计的特色。

此外，还要根据景观表现的主题采用不同的手法调和质感，质感调和可以是同一调和、相似调和、对比调和。质感的对比是提高质感效果的最佳方法之一。质感的对比能使各种素材的优点相得益彰。例如，德国萨尔州立大学庭院采用碎石英岩、暗色玄武岩和黄杨树丛的质感对比，形成了丰富的视觉效果，并赋予庭院独特的景色和趣味。另外，在设计中可在庭园中点缀石头和踏步石，有的布置在苔藓中，有的布置在草坪中，还有的布置在水中，都是根据庭园的环境、规模、表现意图等设计的。但在一般情况下，草坪和石头的配合不如苔藓同石头的配合更为优美，这是由于石的坚硬强壮的质感与苔藓的柔软光滑的质感的对比，使人从不同素材中看到了美。

8. 声音

听觉对我们感受外界空间有极大的影响。声音可大可小，可以来自自然界也可以人造，可以是乐音也可以是噪声。声音能给设计带来很多情趣，如水体设计中，大面积的平静水面如果能增添小型的叠泉，就会产生很好的效果，叠泉的水声正好对比水面的宁静，一动一静相得益彰。

9. 气味

气味即嗅觉感受。在园林中植物花卉的气味往往能刺激嗅觉器官，大多数植物能带给人们愉悦的感受。很多风景园林以植物的气味作为造园的主题。

10. 触觉

通过皮肤直接接触，人们可以得到很多感受——冷和热、平滑和粗糙、尖和钝、软和硬、干和湿、黏性的、有弹性的等。

把握住这些设计元素能给设计者带来很多机会，设计者能有选择性地或创造性地利用它们满足特定的场地和业主的要求。特别是声音、气味、触觉这三种无形的设计要素，对它们的设计考虑将对残障人士感受景观之美起到很大作用。伴随着概念性草图的进展，本节探讨了许多设计形式，这些形式仅仅是设计中最普遍和有用的，绝非唯一的。设计形式进一步的发展取决于两种不同的思维模式：一种是以逻辑为基础并以几何图形为模板，所得到的图形体现的是遵循各种几何形体内在的数学规律，运用这种方法可以设计出高度统一的空间。但对于纯粹的浪漫主义者来说，几何图形是乏味的、令人厌倦的和郁闷的。他们的思维模式是以自然的形体为模板，通过更加直觉的、非理性的方法，把某种意境融入设计中；另一种设计的图形似乎无规律、琐碎、离奇、随机，但却迎合了使用者喜欢消遣和冒险的一面。两种模式都有内在的结构，但却没必要把它们绝对地区分开来。

4.3.2　几何形体思维模式

重复是组织设计中一条实用的原则。如果人们把一些简单的几何图形或由几何图形换算出的图形有规律地重复排列，就会得到整体上高度统一的形式。通过调整大小和位置，就能从最基本的图形演变成有趣的设计形式。

几何形体包含三个基本的图形，即正方形、三角形、圆形。从每一个基本图形中又可以衍生出次级基本类型：从正方形中可衍生出矩形；从三角形中可衍生出 $45°/90°$ 和

30°/60°的三角形；从圆中可衍生出各种图形，最常见的包括两圆相接、圆和半圆、圆和切线、圆的分割、椭圆、螺线等。

1. 正方形模式

迄今为止正方形是最简单和最有用的设计图形，它同建筑平面形状相似，易于同建筑物相配。在建筑物环境中，正方形和矩形或许是风景园林中最常见的组织设计形式，原因是这两种图形易于衍生出相关图形。正方形有四条独立而又划分清晰的边，所以它有四个确定的方向，它不像圆那样中心发散；正方形轴线是属性强的对角线，由它可发展为不同的构成形式；用正方形画出 90°网格，可以形成不同方形平面形式。用网格线铺在概念性方案的下面，就能很容易地组织设计出功能性示意图。另外，通过 90°网格线的引导，概念性方案中的粗略形状将会被重新改写。在概念性方案中表现抽象思想，如圆圈和箭头轮廓分别代表功能性分区和运动走廊。而在重新绘制的图形中，新绘制的线条则代表实际的物体，变成了实物的边界线，显示出从一种物体向另一种物体的转变。在概念性方案中用一条线表示的箭头变成了用双线表示的道路的边界，遮蔽物符号变成了用双线表示的墙体的边界，中心焦点符号变成了小喷泉。

这种 90°模式最易与中轴对称搭配，但它经常被用在要表现正统思想的基础性设计中。正方形的模式尽管简单，但也能设计出一些不寻常的有趣空间，特别是把垂直因素引入其中，将二维空间变为三维空间以后，由台阶和墙体处理成的下陷和抬高的水平空间的变化，丰富了空间特性。此外，还可以在原网格中加入扭转网格以形成不同的设计构成。这种角度的扭转可根据景观视线、采光朝向、夏季通风的需要，运用这种主题可以发挥并提升出基地的潜力。如沈阳建筑大学校区的整体设计就运用了多个正方形网格叠加。校园内的建筑部分以网格式布局，既反映了现代办学理念（多学科交叉），又围合出不同的正方形庭院空间，其风景园林规划设计是在原有建筑规划的网格上，叠加以一个正方形网格，与建筑庭院空间对应，形成了整体统一的校园面貌。

2. 三角形模式

1）45°/90°角三角形模式

把两个矩形的网格线以 45°相交就能得到基本的模式。为比较正方形与三角形两种模式的差异，这里还用前面的概念性设计方案图，不同的是用 45°/90°角的网格作铺垫。重新画线使之代表物体或材料的边界，这一水平变化的过程很简单。因为下面的网格线仅是一个引导模板，没必要很精确地描绘上面的线条，但重视其模块并注意对应线条之间的平行还是很重要的。

2）30°/60°角三角形模式

30°/60°模式可作为一种模板并按前面的方法去绘制一些图形，可以尝试用六边形来组织设计空间。根据概念性方案图的需要，可以按相同尺度或不同尺度对六边形进行复制。当然，如果需要的话，也可以把六边形放在一起，使它们相接、相交或彼此镶嵌。为保证统一性，尽量避免排列时旋转，可以概念性方案为底图决定空间位置的安排，若欲使空间表现更加清晰，也可采用擦掉某些线条、勾画轮廓线、连接某些线条等方法简化内部线条，但要注意，这时的线条已表示实体的边界。

根据设计需要，可以采取提升或降低水平面、突出垂直元素或发展上部空间的方法来开发三维空间，也可以通过增加娱乐和休闲设施的方法给空间赋予人情味。

3）设计建议

当使用角状图形进行主题设计时，尽可能多地使用钝角，避免使用锐角，锐角通常会产生一些功能上不可利用的空间，这些空间在实施中会产生一些问题，并且这些转角还可能是危险的或是结构尚不完善的。

3. 圆形模式

在各种各样的图形中，圆形是独一无二的，圆形的魅力在于它的简洁性、统一感和整体感。它象征着运动和静止的双重特性，正如本杰明·霍夫所说："圆规的双腿保持相对静止，却能绘出完美的圆。"

圆的许多参数在设计中的应用是非常重要的，具体参数有：①圆心；②圆周；③半径；④半径延长线；⑤直径；⑥切线。在所有圆的参数中，圆心是最重要的。首先，圆心是一个能吸引注意力的点，绝大多数人都能用铅笔或钢笔轻松地估计出圆心的位置；其次是半径、半径延长线和直径，它们都经过圆心从而加强了圆心位置的重要性。所以，用圆来设计时，首先要考虑到任何直接与圆心相连的线或形体都能与圆产生强烈的关系；那些不与圆心相连的直线则看起来好像与圆无关或关系较为模糊。同样，连线及其构成形式与圆周相接的方式决定一个构图是否成功。那些在构成中借用半径延长线与圆周相交的直线比不与圆周相交的线看起来更令人愉悦，换句话说，穿过圆心的直线要比斜交的更为稳定。

1）叠圆

基本的模式是不同尺度的圆相叠加或相交。从一个基本的圆开始，复制、扩大、缩小。圆的尺寸和数量由概念性方案所决定，必要时还可以把它们嵌套在一起代表不同的物体。当几个圆相交时，把它们相交的弧调整到接近 90°，可以从视觉上突出它们之间的交叠。

许多相互叠加的圆具有"软化"边界构成的作用，运用叠加圆形表现主题时应注意以下几条参考原则。

第一，圆的大小宜多样。每个构成里应包含一个主导空间或主体形式。根据这点，构成中的一个完整的圆形区域就会突显出来成为突出的主体。这样的一个圆形区域可以做一个草坪，或主要的娱乐空间、起居空间，或是设计中的另一个重点区域。除此以外，其他圆的尺寸应较小一些，大小也不必一样。

第二，当要将两个圆交叠时，建议让其中一个圆的圆周通过或靠近另一个圆的圆心。这有两个原因：一方面，如果两圆有太多重叠部分，那么其中一个往往变得不可识别，因为有太多部分在另一个圆里；另一方面，两圆若重叠得太少，就有可能会出现锐角。

第三，避免两圆小范围相交，这将产生一些锐角；也要避免相切圆，除非几个圆的边线要形成 S 形空间；在连接点处反转也会形成一些尖角。

叠加圆形有 3 个特点。第一，它提供了几个相互联系但又区分明确的部分。当设计中要求有许多不同的空间或区域时，这个特点就很有优势。第二，叠加圆形有很多朝向，这可以使设计具有多个良好的景观视线。因为有多个圆重叠，所以叠加圆形最好坐落在平地上或坡地上，这样每个圆形就可在不同的标高上嵌入坡地中。第三，这种具有强烈几何性的叠加圆形不适于在起伏剧烈的地形上使用。此外，改变非同心圆圆心的排列方式将会带来一些变化。

2）同心圆和半径

同心圆是一种强有力的构成形式，它们的公共圆心是注意力的焦点，因为所有的半径和半径延长线均从此点发出。同心圆主题中构成的多种变化可以通过变换半径和半径延长线的长度以及旋转角度来实现。

同心圆主题最适于用在设计非常重要的设计元素或空间。形成视觉中心的同心圆的圆心不能随意在基地上设置，它应该在构成特点或空间构成上有非常重要的存在价值，以此来凸显整个设计构成。因此，它应该是一个诸如雕塑、水体或别致的铺地图案之类的视觉焦点。除此之外，同心圆主题能为观赏周围景观提供全景式的视线。

3）圆弧和切线

圆弧及切线主题其实来源于不同主题，包括来自圆形主题中的圆弧和正方形主题中的直线。直线具有结构感而曲线有柔和流动感，两者能很好地搭配在一起。

在设计中，设计师从矩形外框封闭概念性方案开始，在拐角处绘制不同尺寸的圆，使每个圆的边和直线相切。然后设计师需要仔细确定构成中的哪个部或线条需要圆弧来柔化角部或得到圆边，而不能仅仅将矩形的角部变成圆弧。最后增加一些材料和设施细化设计图，使之与环境融合。

4）椭圆

椭圆从数学概念上讲是由一个平面与圆锥体或圆柱体相切而得。与圆形相比，它体现出严谨的数学排列形式。前面在圆中所阐述的原则在椭圆中同能单独应用，也可以多个组合在一起，或同圆组合在一起。

5）螺旋线

如果需要精确的对数式螺线，可以在黄金分割矩形中按数学方法绘制。在这个大矩形中，撇开以短边为边长的正方形，剩下的矩形还是一个黄金分割矩形，它的长边等于大矩形的短边。照此方法细分下去，最后按图示在每一个正方形中画弧，就得到了一条螺旋线。

景观中用数学方法绘出的矩形有令人羡慕的精确性，但风景园林中广泛应用的还是徒手画的螺旋线，即自由螺线，后面也将讨论自由螺线。

4.3.3　自然的形式

许多理由使设计者感觉到应用有规律的纯几何形体可能不如使用那些较松散的、更贴近生物有机体的自然形体。这可能是由场地本身决定的。展示最初很少被人干预的自然景观或包含一些符合自然规律的元素的景观与人为地把自然界的材料和形体重新再组合的景观相比，更易被人接受。这种用自然方式进行设计的倾向根植于使用者的需求、愿望或渴望，同场地本身没有过多的关系。事实上，场地可能位于充满人造元素的城市环境中，然而业主希望看到一些柔软的、自由的、贴近自然的新东西。同时，开发商需要树立具有环保意识的形象，他们展示的产品要能唤起公众的生态意识或他们的服务将利于保护自然资源。如此一来，设计者的概念基础和方案最终就同自然联系在一起了。

建筑环境和自然环境联系的强弱程度取决于设计的方法和场地固有的条件。这种联系可分为三个水平等级。

第一级水平是生态设计的本质，它不仅是重新认识自然的基本过程，而且是人类行为最低程度地影响生态环境甚至促进生态环境再生的要求。例如，把一片已经退化的湿地生态系统进行重建，或者建一些与当地环境相协调、能保证当地的自然过程完整无缺的建筑。这些形式展示了同自然之间的真正协调。

第二级水平尽管对整体生态系统不完全有利，但却能创造出一种自然的感觉。用人为的控制物如水泵、循环水和使植物保持正常生长的灌溉系统，或者是防止土壤被侵蚀的水管和排水沟，在城市环境中创造一些自然景观。设计时需要强调的重点则需用一些自然材料，如植物、水、岩石，以自然界的存在方式进行布置。

第三级水平同自然的联系最不紧密。设计的空间里很大程度地缺乏对生态系统的考虑，主要由水泥、玻璃、砖块、木料等人造材料组成。在这一人造的环境里，设计的形状和布置方式也必须映射出自然界的规律。

在自然式图形的王国存在一个含有丰富形式的调色板，这些形式可能是对自然界的模仿、抽象或类比。模仿是指对自然界的形体不做大的改变；抽象是对自然界的精髓加以提炼，再被设计者重新解释并应用于特定的场地。通常情况下，则是在两者之间进行功能上的类比。

1. 蜿蜒的曲线

就像正方形是建筑中最常见的组织形式一样，蜿蜒的曲线或许是风景园林中应用最广泛的自然形式，它在自然王国里随处可见。来回曲折的平滑河床的边线是蜿蜒曲线的基本形式，它的特征是由一些逐渐改变方向的曲线组成，没有直线。

从功能上说，这种蜿蜒的形状是设计一些景观元素的理想选择，如某些机动车道和人行道适用于这种平滑流动的形式。在空间表达中，蜿蜒的曲线常带有某种神秘感。沿视线水平望去，水平布置的蜿蜒曲线似乎时隐时现，并伴有轻微的上下起伏之感。相当有规律的波动或许能表达出蜿蜒的形状，就像潮汐的入口，来回涨退的海水在泥土中刻出波状的图形。

2. 不规则的多边形

自然界存在很多沿直线排列的形体。花岗岩石块的裂缝显示了自然界中不规则直线形物体的特点，它的长度和方向带有明显的随机性。正是这种松散的、随机的特点使它有别于一般的几何形体。当使用这一不规则、随机的设计形式时，往往产生生动活泼的图案构成，可以绘制不同长度的线条和改变线条的方向，可以使用角度在 $100°\sim170°$ 之间的钝角或角度在 $190°\sim260°$ 之间的优角。如在得克萨斯州的一个城市水景广场中，用不规则角度和平面去增强垂直空间效果，从而创造出充满激情的空间表达形式。

从干裂的泥浆中的线条获得的灵感，常被用于风景园林的景观空间中非正式的地平面模式。要注意的是，设计中应避免使用太多的同 $90°$ 或 $180°$ 相差不超过 $10°$ 的角度，也不要用太多的平行线。

3. 生物有机体的边沿线

一条按完全随机的形式改变方向的直线能画出极度不规则的图形，它的不规则程度是前面所提到的图形（蜿蜒曲线、松散的椭圆、螺旋形或多边形）无法比拟的。这一"有机体"特性能很好地在下面来自大自然的实例中被发现。

生长在岩石上的地衣植物有一个界线分明的不规则边缘，边缘的有些地方还有一些回折的弯。这种高度的复杂性和精细性正是生物有机体边界的特征。

自然界植物群落中经常存在一些软质的、不规则的形式。尽管形式繁多，但它们拥有一种可见的序列，这种序列是植物对生态环境的变化和那些诸如水系、土壤、微气候、动物栖息地等不确定因素的反映结果。

有机体的形式可以用一个软质的随机边界或一个硬质的如断裂岩石的随机边界来表示。

自然材料如未雕琢的石块、土壤、水、植物等很容易地就能展现出生物有机体的特点，可这些人造的塑模材料如水泥、玻璃纤维、塑料也能表现出生物有机体的特点。这种较高水平的复杂性能把复杂的运动引入到设计中，能增加观景者的兴趣，吸引观景者的注意力。

4. 聚合和分散的自然曲线

自然形体的另一个有趣的特性是二元性。它将统一和分散两种趋势集为一体：一方面，各元素像相互吸引一样丛状聚合在一起，成为不规则的组团；另一方面，各元素又彼此分离成不规则的空间片段。

风景园林师在种植设计中用聚合和分散的手法，来创造出不规则的同种树丛或彼此交织和包裹的分散植物组。成功创造出自然丛状物体的关键是在统一的前提下，应用一些随机的、不规则的形体。

当设计师想由硬质景观（如人行道）向软质景观（如草坪）逐渐转变时，或想创造出一丛植物群渗入另一丛植物群的景象时，聚合和分散都是很有用的手段。一个丛状体和另一个丛状体在交界处要以一种松散的形式连接在一起从人行道向草坪过渡。

4.3.4 多种形体的整合

仅仅使用一种设计主体固然能产生很强的统一感（如重复使用同一类型的形状、线条和角度，同时靠改变它们的尺寸和方向来避免单调）。但在通常情况下，需要连接两个或更多相互对立的形体。或因概念性方案中存在几个次级主体，或因材料的改变导致形体的改变，或因设计者想用对比增加情趣，不管何种原因，都要注意创造一个协调的整合体。

其次，避免形成锐角，尤其是小于 45°的角。设计构成中应避免出现锐角，原因如下：

①锐角使得构成形式间的视觉关系减弱，但却易成为视力紧张的点；②当锐角出现在铺地区域内部或边缘时，就形成了结构上较薄弱的区域，这些区域里狭窄的角状材料往往容易出现裂缝，尤其是在冻融循环时；③当锐角在种植区的边缘形成时，这些地方往往不可能种植灌木，甚至连地被植物都不适合；④若是用锐角区域来作为人使用的空间，例如就餐空间或娱乐空间，就会有许多空间浪费，因为尺度实在太小。

再次，使形式具有可识别性。形式可识别性指的是在一个构成中单个的形式（图案）能被辨认出来，例如圆和正方形就是可识别性的形状，而且每一个都把自身的一些特性赋予了整个构成。有一些构成中的形状对于整个构成缺乏足够的视觉支持，甚至有些形式被其他形式所掩盖，当这种情况出现时，要么把"被掩盖"的形式去掉，要么改变它的大小和位置来提高可识别性。

1. 形式构成和现有构筑物之间的关系

几乎所有的设计在深入设计过程中都必须与现有的或将有的构筑物相结合。因为现有的构筑物将会影响到景观空间的线和边界在方案设计中的位置，从而保证最后的设计结果是一个视觉上协调和统一的环境。如果这个关系处理得好，最后可能会难以分辨何者为基地原有的，何者为增建的。

通过将新的构成形式的边界与原有构筑物的边界相联系，可以实现这个目标。首先设计师要获得一份反映现有构筑物状况的基地图附件，在这张图上，设计师要确认有构筑物出现的突出点和边界。对一栋现有房屋，需考虑的关键点和边界应分三个层次：①房子的外墙和转角；②外墙与地面相接的元素的边界，如门的边界，或外墙上材质的变化产生的划分线（例如，砖和木护壁板之间）；③外墙上不与地面相接触的元素的边界。

下一步就是在基地图上从这些关键点和边线处向周围基地画线。建议使用彩铅，那样这些线就很容易与基地图上的其他线分开，这三种线称为约束线，因为它们将使设计的形式构成与现有形式之间发生相互作用，作为强调，最重要的线应画得稍深一些。此外，还要加一些其他的线与这三种约束线垂直，以形成网格，这些附加线的间距并没有严格的规定。在基地图上画完约束线和网格之后，设计师应该在基地图上面放上一张描图纸，接着就可以开始在描图纸上进行形式构成研究了，这样做的好处：①设计可以结合约束线和网格系统；②设计还可与功能图解相结合。从草图中可以明确两点：①用90°的网格系统可以轻松地将矩形主题的设计深入下去；②网格是作为整个基地内形式构成的基础，而不仅是在靠近建筑的地方。但有些形式的边线并不与约束线重合，而是夹在约束线的中间，所以设计师不必认为形式的边线必须与约束线重合。

设计师并不总是用90°的网格来与建筑发生联系，约束线可以自房屋向外以任何角度延伸。网格系统也可以产生其他的设计主题，它对矩形、斜线、角状、圆弧及切线主题都很有用，因为这些主题都与直线有关。另外，网格系统对圆形和曲线形主题用处不大，因为这些主题可以与现有建筑物的某些点和边线发生联系，却很难用上网格。因此，在发展圆形和曲线形的设计主题中，除了第一重要的约束线外，其余的约束线均可取消。

在以圆形和曲线形表现主题中，最主要的问题是如何将基地中的线和边同房屋的边和其他直线边界联系起来。应该尽可能地在新形式与原有构筑物的连接处避免锐角和不良的视觉关系。画网格的时候，要考虑网格如何为新的构成形式的边定位提供参考或线索。当新的构成形式的边线与网格中的点或线对齐的时候，这个形式就与建筑的点与边产生了强烈的视觉联系，这样，建筑与基地就形成了很好的结合。但是，如果两者不对齐也没有什么大的问题，网格中约束线的使用只是一个辅助工具而不是绝对的必然途径，网格系统绝不是一个确保成功的魔术公式。

约束线和网格系统对于靠近房屋的设计形式与房屋对齐确实很重要，但是对于离构筑物较远的形式来说意义就不那么重要了。构筑物周围的场地与构筑物的关系是最密切的，在这个区域内，能够轻易地看到形式的边界是否与房子的转角或门的边线对齐。但是距离建筑太远，即使场地与构筑物对齐了，也很难被察觉到。

既然约束线和网格只是一种线索，那么怎么在场地中建立它们，就无所谓正确或错误了。给定一个基地，让不同设计师来设计，每个人都会作出与别人稍微不同的网格。第一重要的约束线可能相同，其他的线则因人而异。建议网格中不要给出太多的线，只要每根线最后被证明有用就可以了。因为线太少了好像对设计师没什么帮助，线太多了又让人迷惑。

2. 形式构成与功能图解的关系

除了与基地内现有的构筑物发生联系之外，新的形式设计应与在上一步已敲定的功能图解发生关系。功能图解和概念平面同样也是形式构成进一步深入的基础。请记住，形式构成阶段的目标之一就是要将概括的、粗略的功能图解的边界具体化、清晰化。

首先，将一张画有约束线和网格的基地图放在功能图解的下面，就可以进行将形式构成与功能图解相结合的工作了。接着，将一张空白的描图纸放在功能图解的上面，就可以在描图纸上画形式构成的草图了。

有约束线和功能图解作基础，设计师接下来就可以开始把图解中泡泡图的轮廓转变成具体的边线，这时可能会确定一个设计主题。设计师需要做的是把约束线、网格、功能图解和设计主题结合起来，这里的形式构成被认为是约束线与功能图解的审慎嫁接。这个过程并不容易，因为要考虑的东西太多，而且从结果上看可能既看不出约束线的影响，又看不到功能图解的痕迹。

在新形式与功能图解相结合的过程中，设计师并不必一一与图解中的泡泡图对应。图解只是一种参考线索，仅为形式边线的定位提供一个大致方向。因此，设计师可以自由地移动形式边线的边界以与约束线对应或是形成一个看起来合理的构成，不过整体的大小、比例和位置还是应该大致与功能图解差不多。

刚开始的草图只是一种尝试，必然十分粗略，而且问题也不少。这时，在第一张描图纸上再放上一张纸，就可以在第一个形式构成草图上继续修改深入，通过多张描图纸的修正，设计师就会获得一个较满意的结果，同时，应该鼓励自己多做几个方案。

【思考与练习】

1. 风景园林之初的构想理念应该考虑哪些方面？
2. 在风景园林中如何加强建筑环境与自然环境的联系？
3. 结合实际谈谈曲线在风景园林中的应用。
4. 简述设计功能图解与分析的重要性和方法。

第5章

风景园林规划设计的方法

5.1 风景园林空间形态构成要素

5.1.1 空间与边界

边界出现在场所中,边界使开敞空间变成围合的实体。在景观建筑学中,从空间到实体迅速、直接的过渡,通常是不可取的。空间设计中的突然过渡忽视了空间的精神性要求,以及忽视了社会学和生物学的潜质,而这个潜质通常由过渡性空间提供,充分利用自然的景观要素,特别是用植物作为边界来过渡是比较合适的,因树木本身能够构成"网眼"式的空间。围合空间中的具有空间性的边界,通常是良好的使用场所。就景观建筑学的空间思维而言,边界因素是如此的重要,故本书单列一章专门讨论边界的设计和思考的问题,围合空间的要素本身既作为空间的边界,又构成空间。

5.1.2 视点、视距、视角与视阈

1. 视点

视点即为观赏点,指的是在堤岸空间观赏风景的点。严格来说,堤岸空间每一处都是视点,但一些重要视点的确定与布局结构密切相关。我们可以将堤岸空间视点分为静态视点和动态视点。我们认为静态视点可以是停留空间,可能是滨水的任何一个休闲小空间,静态视点需要有适合停留的空间和良好的景观条件。动态视点存在于任何空间中,人们的移动带来了不同的视点。在堤岸空间设计中,把握景观的整体特性,形成序列变化,使得从动态视点观察到的空间景观丰富多姿,同时通过静态视点的设置来突出重要景点,形成主次分明的景观序列。

2. 视距和视角

从静态视点观赏,静观画面的清晰度和构图与视距、视角有直接的关联,它们反映了视点与景物的空间关系,都是影响空间景观质量和观赏效果的视觉要素。

3. 视阈

人眼所看到的景物及空间范围,称为视阈。在堤岸空间中一定的视点视阈内,可见的景物是有限的,随着视点的移动,所看到的空间和景物也发生变化,从而获得与先前不同的视觉印象,证实了古典造园家的精辟论断:步移景异。风景园林规划设计过程中,我们应当分析视点的设置,创造良好的视野,并对视野内的景观进行修整,形成最佳印象。

5.1.3　路径与区域

1. 空间规定，路径规定

线性空间中，空间和路径是统一的（形式与内容），在空间序列中空间通过建（构）筑物被规定（如院落空间），人进入空间的路径通过铺地走廊等被规定。空间与路径明确限定，人对空间的观察顺序、角度等也得到确定。路径对空间的环绕穿越，空间对路径的限制引导，景观的呈现与遮挡等使空间设计与路径合二为一，那么，路径规定性将促使空间景观序列成为可能。

2. 空间不规定，路径规定

在开敞空间里，空间的规定性很弱，可以认为空间不被规定，空间视域宽广，如田野、城市公园。空间里的路径是确定的，如田间小路、湖滨走廊等。由于空间的开阔，人的视线呈全景式，在移动中，视觉画面变化缓慢，空间氛围开放，这种场景在自然空间中较常见。在城市中体现在大面积的城市开放绿地，如公园、湿地等，其空间的开放性与自然空间相比较弱。另外，在城市中，由于点式建筑的独立形式，空间没有明确规定，呈现出"流动空间"的特点，这种空间也可以被认为是不被规定的空间。"流动空间"是松散的剩余空间，在这种空间中，一种是路径规定的形式，另一种是路径不被规定的形式。现代城市中，空间越来越开放，道路穿插其间，也反映了城市空间不规定，路径规定的特点。

3. 空间规定，路径不规定

被建筑物围合限定的空间（广场），空间以大面积铺地为主，人们在空间里的活动是自由的，没有规定的路径。根据空间的外部道路联系，空间存在滞留或流动区域体现出封闭性强的特点，道路联系均匀的步行广场空间，因人的活动路径则比较分散，故空间稳定性强。

5.2　风景园林的形式美法则

5.2.1　统一与变化

形式美的基本法则，即多样与统一。古今中外的优秀造型艺术，例如建筑、雕塑、风景园林等都遵循这个基本法则。

多样与统一是指在统一中求变化，在变化中求统一，任何造型艺术，都具有若干不同的组成部分，这些部分之间，既有区别，又有内在的联系，只有把这些部分按照一定的规律，有机地组合成为一个整体，才能区别各部分的多样性和变化，才能就各部分的联系获得和谐与秩序。既有变化又有秩序，这是一切造型艺术应当具备的要素。但是如果变化过多则会引起杂乱，而过分注重统一就会导致呆板和无生气。因此，在风景园林规划设计过程中，处理好两者之间的辩证关系，才能达到视觉的美感。

在风景园林中，首先把握整体的格调是取得统一的关键。任何一个景观，都有一个特定的主题，我们应该在分析其所在的场地、周围的环境、景观的功能目的以及景观的主题等各种因素之后，确定一个整体的构思，表现出其整体的格调。在设计的过程中，将这一整体的构思和格调贯穿于风景园林的全部要素之中，从而形成统一的特色。统一手法一般是在环境艺术要素中寻找共性的要素，例如形状的类似，色彩的类似，质感的类似，以及材料的类似等。在统一协调的基础上，可以根据景观表现的重点和主题，进一步发展设计，寻求变化，形成序列感，同时丰富设计。因此，多样统一的设计法则是突出体现整体风格，使人们对景观的整体印象亲切而深刻。

5.2.2　对称与均衡

均衡与稳定是人类长期实践中从大自然与自身的特点中总结出的基本审美观念，在自然界包括人自身，绝大多数事物都是均衡的，在重力场的作用下，又都体现出很稳定的形态。因此，符合均衡与稳定原则的事物，人不仅认为是安全的，而且感觉是舒服的，从而人类把它作为一个基本的审美要求运用到各种创造性活动当中。

由于科学技术的进步，人类目前可以用一些技术手段来打破上小下大、上轻下重的稳定形式，这种打破均衡与稳定的造型往往可以给人新奇新颖的感觉，但过多使用这样的形式，会给人造成心理上的担心、焦虑，会使人有一种失控的感觉，相应地就会失去视觉美感，带来心理上的不快。因此，这样打破均衡与稳定的形式应该在设计中得到控制。

均衡包括静态均衡与动态均衡两种，而静态均衡中又包含对称均衡和非对称均衡两种，由于对称的形式本身具有均衡的特性，因而具有完整统一性，而且由于对称均衡严格的组织关系，使得这种均衡体现出一种非常严谨、严肃、庄严的感觉。因此，无论是中国的封建社会的宫殿，还是欧洲的古典主义的园林中，都运用这种形式以体现皇权至高无上的地位。在现代风景园林中，对称均衡也常常使用在强调轴线和突出中心主题的设计部分中，或是用于比较严肃的设计主题当中，如政府办公楼前的景观设计。

非对称均衡相对于对称均衡而言，各组成要素之间的设计要更灵活一些，主要是通过视觉感受来体现的，其设计显得更轻松、活泼、优美，因而在现代的风景园林当中，更多地使用非对称均衡的手法。

动态均衡是依靠运动来求得平衡的，例如旋转的陀螺、奔驰的动物、行驶中的自行车，都属于动态平衡，一旦运动终止，平衡的条件也随之消失。由于人们欣赏景物的方式有静态欣赏和动态欣赏两种，尤其是在园林景观中，更强调其动态欣赏，因此，风景园林非常强调时间和运动这两方面因素。在这一点上，是和中国古典园林所强调的步移景异等造园思想相统一的。事实上，中国古代造园家很早就在设计中运用了动态均衡的设计手法，因此，在现代风景园林中，更是要将动态均衡与静态均衡结合起来，从连续的行进过程中把握景观的动态平衡变化。

5.2.3　节奏与韵律

自然界中许多事物和现象，往往都是有规律或有秩序地变化，激发了人们的美感，并使人们有意识地模仿，从而出现了以具有条理性、重复性、连续性为特征的韵律美，例如音乐、诗歌中所产生的韵律和节奏美。

在风景园林中，常采用点、线、面、体、色彩和质感等造型要素来实现韵律和节奏，从而使景观具有秩序感、运动感，在生动活泼的造型中体现整体性，具体应用主要包括以下几种。

1. 简单韵律

同种的形式单元组合重复出现的连续构图方式称为简单韵律。简单韵律能体现出单纯的视觉效果，秩序感与整体性强，但易于显得单调，例如行道树的布置、柱廊的布置、大台阶的运用等。

2. 交替韵律

有两种以上因素交替等距反复出现的连续构图方式称为交替韵律。交替韵律由于重复出现的形式较简单韵律多，因此，在构图中变化较多，较为丰富，适合于表现热烈的、活泼的、具有秩序感的景物。例如两种不同花池交替组合形成的韵律，两种不同材料的铺地交替出现形成的韵律等。

3. 渐变韵律

渐变韵律是指重复出现的构图要素在形状、大小、色彩、质感和间距上以渐变的方式排列形成的韵律，这种韵律根据渐变的方式不同，可以形成不同的感受，例如色彩的渐变可以形成丰富细腻的感受，质感的渐变可以带来趣味感，间距的渐变可以产生流动疏密的感觉等。总体而言，渐变的韵律可以增加景物的生气，但要使用恰当。

5.2.4　比例与尺度

一切造型艺术都存在比例关系是否和谐的问题，大小渐变韵律感及和谐的比例等都能够引起人们美的感受。正如哲学家亚里士多德说："任何美的东西，无论是动物或任何其他的由许多不同的部分所组成的东西，都不只是需要那些部分有一定的方式安排，同时还必须有一定的度量，因为美是由度量和秩序所组成的。"

在风景园林中，比例的运用也贯穿于设计的始末，这主要表现在两个方面：一方面是景观各个组成部分之间及各部分与整体之间的比例关系，例如景观的入口部分在整个景区所占的比例是否合适，或景观的起始阶段与景观的中心所占的比例是否合适，还有如在小区活动中心，儿童活动场地所占的比例是否合适，儿童和老年活动场地的比例是否恰当等，这些都属于在规划阶段就应该考虑的各种比例问题；另一方面，是景观各组成部分整体与局部的比例，或局部与局部之间的比例，主要指具体微观方面的设计，应用更加广泛。以一个广场设计为例，广场的硬制景观占广场的比例，广场所选用的地砖的大小与面积的比例，广场上选用植物的大小与广场的比例等，几乎每一个设计要素都要考虑比例关系。要推敲广场上铺地的尺度与广场的尺度形成的比例，铺地绿化的尺度与座椅的尺度形成的比例关系，树木的密度、大小与广场的比例等，可以说比例无处不在，只要进行景观要素设计，就要考虑其比例关系。

但在设计当中，设计者要明白比例不只是视觉审美的唯一标准，它还要受功能要求、艺术的传统、社会的思想意识及工程技术、材料等多种因素的制约。以广场为例，从艺术传统来看，中国的古典园林建筑中建筑所占的比例较大，而西方传统园林中建筑的比例是很小的。从功能角度看，如果广场是位于商业中心的广场，主要是为人流的聚集、疏散或休息的广场，硬质景观会占主要比例，广场上的植物也在考虑遮荫的前提下，体量不能过大，否则就会影响周围的商业运营。而如果是主要用于休闲的市民广场，其硬质景观的比例就要大大缩小，人工景观与自然景观的比例也相对减少，广场上可以栽植一些体量比较大的植物，形成独立的植物景观。因此，不能孤立地从审美角度去研究比例，而是要综合结合各种因素去研究。

比例主要表现为各部分数量关系之比，是相对的，不涉及具体尺寸。和比例相连的另一个范畴是尺度，尺度研究的是建筑物的整体和局部给人感觉的大小印象和其真实大小之间的关系，尺度要涉及真实的大小和尺寸。

从一般意义上讲，凡是和人有关系的物品，都存在尺度的问题，例如家具、工具、生活用品等，而且在长期的使用过程中，这些事物的大小和形式，便统一为一体而铸入人们的记忆当中，从而形成正常的尺度观念。但是在风景园林中，常常使人丧失尺度的概念，一方面可能是景观过大，另一方面是许多景观要素不是单纯根据功能决定的。

5.3 风景园林空间的组合与序列

5.3.1 空间的围合

空间围合就是对空间进行一定程度的封闭。每一空间的围合形式，在空间限定方面都有着主动和被动的作用。园林空间的围合可根据园林主题的需要，对空间进行调整，以不同的围合程度取得园林所需的空间环境。在这里，我们把围合空间的元素简单地分作水平要素和垂直要素，并就两者对空间起的围合及分割作用进行分析。

1. 水平要素限定下的围合空间

水平要素对空间的围合主要体现在基面的处理上。基面在水平方向上可以说具有简单的空间范围，一个被限定了尺寸的基面可以限定一个空间领域。比如对某一区域的地面进行铺装，那么所铺装的区域就被限定了一个空间范围。

2. 垂直要素限定的围合空间

垂直要素对空间的围合限定要比水平要素显得更加活跃，它所限定的空间领域在人的视觉上会产生强烈的围合感。

从视觉与空间的关系上看，当围合空间的水平距离（D）与围合要素的高度（H）的比值（D/H）小于 1 时，空间有明显的封闭围合感，并使人感到压抑。当 D/H 的比值约为 1 时，空间有明显的封闭围合、内向与安定感，但不至于压抑。当 D/H 的比值大于 1 时，空间仍有围合、内向与安定感，但空间形成一定的开放性。当 D/H 的比值约为 3 或 3 以上时，空间将无明显的封闭围合感，而开放性加强。

再如水平基面抬高或下沉的程度不同，所形成的空间具有不同特征。首先，基面的抬升幅度不同所形成的空间感不同，抬升较小时空间围合的边缘得到良好的界定，视觉空间的连续性得到良好的维持。当基面抬升接近视高时，部分视觉的连续性可以得到维持。但当连续性被中断，人们的行为活动需借助踏步或台阶；当基面抬升抬高时，视觉和空间的延续性均被中断，并和地平面相隔绝，空间的围合感极强。

另外，基面的下沉同样也可以围合一个空间范围，这个范围的界面以下沉的垂直界面来限定，并根据高差的变化形成不同感觉的空间围合。当基面有微小的下沉，所围合的空间与周围空间有较强的联系，且增加下沉的深度，围合空间与周围空间之间的视觉关系在削弱，其本身的空间明确性在加强；当下沉的基面高于视平面时，所围合的空间具有很强的封闭性。

3. 园林空间围合的元素

从园林的构成角度看，园林空间的围合是依靠园林构成要素来完成的。其包括基本界面，各种构筑物、水体、绿化、照明以及陈设物等。

1）界面围合

界面围合是指利用空间中的平行、垂直界面所形成的围合空间。平行界面如利用地面的分割铺装，围合出特定的空间；垂直界面如列柱，列植的树木等形成对空间的围合。

2）构筑物围合

构筑物是与园林景观相关的一些建筑设施，它同样可取得对空间的围合作用，比如围栏、矮墙、花池等。在具体的处理手法上，要有选择地使用。如在面对主要的景观区域进行空间围合时，围合的构筑物应选用通透性强的物体，如护栏、绳索、花池等低矮的设施。即使使用墙体进行围合，也必须保持一定的空间连续性。

3）植物围合

植物围合主要由所形成的绿篱对空间进行限定，形成空间。利用植物围合的空间程度强弱与植物高度有关。当绿篱植被的高度控制在30～60厘米时，空间的封闭感很弱，但界限感增强，仍保持空间的连续性；当绿篱植被高度在90～160厘米时视觉上会受到阻碍，空间的封闭感加强。总之，绿篱的高度越高，所形成的封闭性越强。

4）装饰照明

利用不同的光照强度，不同的光源来围合空间，这种手段会形成晶莹剔透的空间效果，是现代城市环境设计中最时髦也是最奢侈的做法。

5）设施

利用公共设施，如家具、艺术品等陈设来区分空间的设计，这是一种最简单，但又非常灵活、可行的做法，也是实际空间围合中最常用的手法之一。

5.3.2　空间的组合

在设计领域中，对于空间的组织通常是利用各种限定的方式来构建，限定即把某种元素设置于原空间中，并环绕该元素产生出一个新的空间，成为吸引人视线的焦点，给人以方位感和标志感。空间的组织是城市园林空间规划设计的中心问题，由于风景园林所涉及的空间一般规模较大，常常需要对空间进行再划分，需要将不同的空间组织在一起，并赋予一定意义。空间组织主要体现在以下形式：

1. 集中式空间结构

集中式是将空间组织成一个向心的稳定空间结构，由次要空间围绕一个占主导地位的中心空间构成。中心空间在尺度与体量上要足够大，使得其他次要空间能够集中在它的周围。次要空间在功能、尺寸上可以完全相同也可不同，从而形成规则的、两轴或多轴对称的整体造型，以适应各自不同的功能需要和周围环境的要求。

2. 线式空间结构

空间的线式组织通常是由尺寸、功能完全相同或不同的空间重复构建而构成。在这种组织形式中，功能性或者在象征方面具有重要意义的空间可以出现在序列的任何一处，以尺寸、形式来表明其重要性。也可以通过所处的位置，如序列的终端偏移出线式组合或处于扇形线式组合的转折处。空间线式组织的特征是"长"，它表达了一种方向性，具有运动、延伸和增长的倾向。为了使延伸感得到控制，一般以一个主导空间终止，或设计一个特别的入口，或与场地、地形融为一体进行控制。

空间的线式组织在形式上具有可变性，极容易与场地环境相适应，它既可以是直线，又可以是折线或弧线。

3. 组团式空间结构

组团式空间通常是由重复的格式空间组成，并在形状、朝向等方面有共同特征。当然，其组团空间也可以是由形状、功能、尺寸不同的空间组合而成。这些空间可以形成组团式布置在一个划定的范围内，或一个空间体积的周围。此类组合没有集中式的紧凑性和几何规则性。

4. 网格式空间结构

网格式空间是通过一个网格图案和范围而得到具有规律性的空间组合。一般是由两组平行线相交，在其交点建立一个规则的点的图案。空间的网格组织来自图形的规则性和连续性，即使网格组织的空间在尺寸、形状或功能各不相同的情况下，仍能合为一体，并且有一个共同的空间关系。在网格范围中，空间既能以单体形式出现，也能以重复的模数单元出现，且无论这些形式的空间在该范围内如何布置。

5.3.3 空间序列

空间序列是以节点空间为核心的空间组织，表现为进入节点空间的顺序过程，通过线性空间与节点空间的联系组织。空间变化呈现出一定的节奏和韵律。在提到空间序列时，人们往往强调的是"轴线空间序列"，即方向不变的空间递进形式，如北京中轴线。另外，还存在着折线空间序列，即非直线演进的空间序列。如在北京四合院中，大门非轴线布置，使人在进入后，在节点空间发生两次方向转换，空间序列呈"折线"形式。空间序列模式从城市空间角度来看是道路街道广场空间的组织模式，从建筑空间来看是建筑群的组织模式。棋盘式道路网使空间转折呈直角转折，空间序列或"轴线式"或"直角折线式"。有机或放射线路网的空间转折，节点空间形式很多，空间序列为"轴线式"或"曲（斜）折式"。纳什对伦敦摄政街的改造，就是运用圆弧形使空间发生了"弧形"的转折递进。

在西方城市空间中，建筑群的组织模式也基本构成了城市空间的组织模式，由于建筑的开放式布局，其空间序列的体验与城市空间的体验是一致的。西方城市轴线空间是开放式的节点（广场）空间，由线形（街道）空间相串联是开放的和可进入的轴线序列空间。而在中国的城市空间中，建筑群的组织模式与城市空间组织模式相脱离，院落空间序列是一个独立的空间组织。北京紫禁城的轴线序列虽然是城市轴线序列空间的一部分，但不具有开放性，城市中轴线空间序列不能让人完整体验。

5.4　风景园林意象的规划设计方法

5.4.1　结构设计

风景园林越来越重视人性化设计，力求用设计手法表现出具人文情怀的园林景观工程，这就需要设计师对结构设计进行深入研究，使园林景观规划设计确保达到结构安全与审美巧妙相结合。影响结构设计的因素有很多种，有的是自身具备的因素，也有结构设计中必需的因素，需要对这些因素做出合理的分析并适当运用。

1. 风景园林结构设计中的荷载设计

在风景园林结构设计中注重荷载的设计，一方面是为了建筑工程结构设计的需要，另一方面是为了实现设计的经济适用、安全舒适的目的。

1）铺装荷载在风景园林结构设计中的应用

在进行风景园林景观铺装以及植物荷载设计的筹划时，不仅要考虑到植物的荷载问题，还要考虑植物生长所适宜的土壤品质，通常会使用自然土或者轻质土作为培养植物的用土。不同的地面设计会给人带来不同的感受。因此，地面的设计是风景园林的关键部分。风景园林的地面设计不仅代表了不同的使用功能，还要在设计用材上体现设计的美感以及材料的质感。所以设计师想表达不同的功能与美感就要运用不同的材料，并且在进行结构设计时为了保证建筑结构的安全，就要对各种材料的荷载情况进行深入的研究。

2）风景园林结构设计中对荷载设计的具体措施

风景园林中的地面设计，铺设道路以及水池时，在中间层可以运用炉渣、矿渣或者碎砖等材料来减轻荷载的压力。需要改变地形结构的设计，则运用梁柱进行改造，并且选择轻质土铺设地面，如果要设计起伏有致的地形结构，那就可以运用架空结构层进行设计，以满足风景园林的美感与安全。如果需要建设假山或者安置假石，从选材上要运用荷载较轻的人工塑石或者质地轻的岩石，还可以应用轻骨架材料进行搭建。这些都是轻便、安全的轻荷载的材料。

2. 风景园林结构设计中的水景设计

水景设计在风景园林中占据重要的地位，在水景设计时，设计师要结合实际情况进行设计。如水景的防水工程通常使用钢筋混凝土建筑材料，并且水池的池壁的厚度以及池底的厚度与支撑情况，都需要前期设计好混凝土的强度等级，构造合理的钢筋结构，以及随着温度变化而设置伸缩缝。

3. 风景园林结构设计中的地基设计

风景园林中的建筑地基承载能力较弱，通常建筑基础位于表土层较多，因此如果遇到建筑工程实际地形土壤松软的情况时，地基的承载力无法达到风景园林结构设计需要。从效益与成本考虑，地基通常利用松木桩将土层挤压结实，降低土层的空隙，使地基能够承载。

5.4.2　意象设计

风景园林中植物空间的意象设计过程主要体现在路径、标志物、区域、节点、边界

93

五个要素上。

1. 路径

路径起到组织空间与造景的双重作用，它把各个景区联系成为一个整体的同时，连接不同景观节点，组织游览路线，并起到引导游人深入到各个景点的作用。道路对景观的影响并不在道路本身，比如路面铺装，而是步移景异——通过道路设置，把沿途的景观逐一呈现在人们面前。道路引导着视线，把游者的注意力引向"景点"。

2. 标志物

标志物是景观中视觉和象征性的吸引点，一般在场所的几何中心，它具有独特形象，以其明确的体量、形状、色彩、质感、位置突出于所在环境或背景。标志物在景观空间中的位置分布、高低变化以及视距和视角等因素的不同而影响到观赏效果和景观空间感受。静态观赏与视点的位置、角度、距离等要素有密切关系。如垂直视角 $30°$ 左右，水平视角 $45°$ 左右，视为最佳观赏景物的范围，也就是指景物与视点的距离 D 与景物高度 H 之比，即 $D/H≈2$ 时，这时空间的大小尺度也较合适。

3. 区域

区域显示较明确的范围，还具有某些共同的特征，它的这些特征在区域范围内形成共性，而对于区域范围之外的空间则构成个性，因而区域范围内的各组成要素看作是一个整体。如公园绿地的不同功能区和不同植物景观类型区都是区域概念形成的。

4. 节点

节点是行人进入公园绿地来往的必经之点，是指道路交叉口、方向交换处、十字路、道路会集处以及结构的交换处等，是景观空间过渡和连接的部分。景观节点是整合的、精致的小空间和复杂的过渡空间，区域中理想的节点应有较明确的方向感。节点是点状的核心空间，让人能体会到不同的景观空间感受和不同的功能，它能引导无目的参观者被沿途的路标、可停顿的地方、运动场、观赏区等不同特色景观中间节点所吸引，使参观者能很好地观赏、游览公园绿地。

5. 边界

边界是景观中两个空间或两个区域之间的线形面，也是两者之间的过渡性的线形地区。包括河岸、围墙、路堑等不可穿越的屏障，也包括树篱、台阶、地面质感等示意性的可穿越的界线。园林植物景观中常以绿篱、灌木边界，树林边界，林荫道边界，草本边界等要素作为空间边界。边界是非常重要的空间因素，空间边界越弱，它作为创造空间的依据性就越不明确。不同方式的边界处理手法导致构造不同的景观空间，边界的明确至暗示性的转变将会创造一个从封闭逐渐变为开放的空间。

5.4.3 文脉与场所设计

众所周知，意境的创造曾经是我国古典园林独树一帜的精髓，秦汉山水建筑宫苑中的"一池三山"模式是古代帝王渴求长生不老的"神仙思想"的重要体现；清代江浙写意派山水园林中的"片山尺水、一草一木、楹联景题"都书写着园林主人和造园家对待人生的态度和感悟。

园林的主题立意，即园林所要塑造的精神文化内涵，是园林的灵魂，其定位的正确与否关系园林的存在和发展，也决定着园林的地位。恰当的主题文化定位能使园林景观锦上添花，而不恰当的主题定位会使园林景观庸俗，甚至造成不良的社会影响。园林的建造要因人因地制宜，造园如做诗文，必须文题相对，方能成为佳作，如果离题万里，无论如何也不能成为好文章。因此，风景园林师对园林主题的定位应该小心谨慎，需将其建立在对园林立地条件、自然地理结构和精神文化背景的深刻理解及对园林使用者行为心理特点的关怀上，而绝不是突发灵感下的偶得。此外，景观文化内涵的表达应该采取大众喜闻乐见的形式，不应该过于抽象晦涩，令人百思不得其解；或者过于具象，缺少含蓄美；或者采用低俗的手段表达低级趣味的主题等。

崇尚文化的设计是我国风景园林行业迅速发展的重要标志，代表风景园林行业新时代的到来。风景园林是文化的载体，也是一项实践性强的造型艺术，新时代的风景园林师及从业人员，不仅要在思想上重视景观的文化底蕴，而且要在设计实践中将其与生态的、经济的、使用的要求结合起来，创造出高品位的、具有时代特点的精品园林文化。

5.5　风景园林空间构景的手法

5.5.1　障景与隔景

1. 障景

园林中，为了丰富园林景观，增加园林层次的深度，避免园景平铺直叙，常用屏障物遮挡视线，按照游览路线将某些景点景观先隐藏起来，促使游人视线转移方向，使人产生"一丘藏曲折，缓步百路攀"的意境，达到步移景异的效果，这种艺术手法叫障景。屏障物因材料不同可分为山石障、院落障、影壁障、树丛、树群或数者结合。障景往往用于园林入口自成一景，采用突然逼进的手法，增加园林的空间层次，让游人的视线受到抑制，有"山重水复疑无路"的感觉，然后改变空间引导方向，逐渐展开园景，使人豁然开朗，达到"柳暗花明又一村"的境界，即所谓"欲扬先抑，欲露先藏"的手法。障景手法在传统与现代园林中均常见应用，如北京颐和园用皇帝朝政院落及其后一环假山、树林作为障景，自侧方沿曲路前进，一过牡丹台便豁然开朗，湖山在望。又如苏州拙政园中部入口处为一小门，进门为一组奇峰怪石，绕过假山石，或从假山的山洞中出来，方是一泓池水，远香堂、雪香云蔚亭等历历在目。

另外，障景还能隐蔽不美观和不可取部分。景观景色有它的最佳观赏面和不宜观赏面，"园虽别内外，得景无拘远近，晴峦耸秀，绀宇凌空，极目所至，俗则屏之，嘉则收之"。在园林布局时，常将不好的景观、不宜观赏的部分进行技术处理，遮挡或隐藏。"不隔其俗，难引其雅，不掩其丑，何逞其美"。障景，可障远也可障近，而障景本身又有自己的观赏特性。障景的手法是我国的造园特色之一，通过这种手法，使园林境界增大，层次增多；反之，景观暴露越多则境界越小。在园林布局和造园时多用假山、曲廊、树丛、围墙等物体进行障景处理，务求高于视线，否则无障可言。障景多数用于入口处，或自然园路交叉处，或河湖港汊转弯处，使游人不经意间视线被阻挡而组织到引导的方向，以起到柳暗花明、景点常变的艺术效果。

2. 隔景

凡将园林绿地分隔为不同空间、不同景区的手法称为隔景。为避免各景区的相互干扰，使景区、景点各有特色，增加园景布局变化，利用隔景的材料如建筑、假山、堤岛、水面、树丛、植篱、粉墙、漏墙、复廊等隔断部分视线及游览路线，使空间"小中见大"。隔景的题材很多主题不一，目的都是隔景分区，但效果和作用依主题而定。隔景或虚或实，或半虚半实，或虚中有实、实中有虚，方法可分为实隔、虚隔和虚实相隔。

实隔：游人视线基本上不能从一个空间透入另一个空间，以建筑、实墙、山石、密林分割，形成实隔。

虚隔：游人视线可以从一个空间透入另一个空间，以水面、疏林、道、廊、花架相隔，形成虚隔。

虚实相隔：游人视线有断有续地从一个空间透入另一个空间，以堤、岛、桥相隔或实墙开漏窗相隔，形成虚实相隔。

运用隔景手法划分景区时，不但把不同意境的景物分隔开来，同时也使景物有了一个范围，一方面可以使注意力集中在所隔范围的景区内，另一方面也使从这个景区到另一个不同主题的景区互不干扰，各自别有洞天，自成一个单元，而不至于没有分隔时那样有骤然转变和不协调的感觉。

5.5.2 主景与对景

1. 主景

景无论大小均有主景与配景之分，在园林绿地中能起到控制作用的景叫"主景"，它是整个园林绿地的核心、重点，往往呈现主要的使用功能或主题，是全园视线控制的焦点。配景起衬托作用，可使主景突出，在同一空间范围内，许多位置角度都可以欣赏主景，突出主景的方法有以下几种：

1）主体升高

主景主体升高，相对地使视点降低，看主景要仰视，一般以简洁明朗的远山、蓝天、树林为背景，使主体的造型、轮廓鲜明突出。江淮人民英雄纪念碑主体位于数级台阶升高的平台上，其背景为山体和树丛，将纪念碑衬托得更加壮观。

2）面向朝阳

屋宇建筑的朝向，以南为好，成为共识，这对其他园林景物来说也是同理。山石、花木南向，有良好的光照和生长条件，富有生气。

3）运用轴线和风景视线的焦点

主景前方的景物采取中轴对称的布置形式，以强调陪衬主景。主景一般布置在中轴线的终点。

2. 对景

对景（图5-1）是通过两种景物的对比而产生的景观效果。在园林布局中，对景是最常用的一种艺术手法。为了更好地观赏主景，一般在主景的对面或其他方向，选择一个合适的场地来建造一些设施，比如亭、台、曲桥等，这些设施就被称为对景或次景。景可以正对，也可以互对。位于轴线一端的景叫正对景，正对可达到雄伟、庄严、气魄宏大的效果；互对很适于静态观赏，互成对景，互对景不一定有严格的轴线，可以正对，也可以有所偏离，如颐和园佛香阁建筑与昆明湖中龙王庙岛上涵虚堂即是。对景从规模上、体量上要小于主景，位置上也没有主景显赫，比如颐和园中的十七孔桥、龙王庙与佛香阁，十七孔桥和龙王庙为对景，佛香阁为主景。但有时候，对景和主景的体量、位置相似，或园林主景和次景二者是可以互换的，或者说这时候的对景和主景位置（角色）是相对的。比如，游人在湖畔的廊、榭、曲桥处仰视山上的亭、阁，山上的亭、阁为主景，廊、榭、曲桥为对景。反之，游人在山上的亭阁中俯视湖畔的廊、榭、曲桥，这时廊、榭、曲桥成为主景，而山上的亭、阁则成为对景了。对景的使用不但突出主景，而且可使两个景点相互衬托、相得益彰。

在园林中，对景是通过各造景要素在布局上进行对比形成的，即是在两种景观效果的对比中创造出来的。比如说，疏与密的对比，尤其在自然式园林中，常强调"疏可走马，密不透风"这一布局原则。再如，用藏与露的对比，以体现含蓄的园林美；动与静的对比，是通过动的美感给游人增加一个宁静悠然的环境；而开敞与闭锁的鲜明对比，则可产生"柳暗花明又一村"的景观艺术效果，激发游人的好奇心和探密欲。因此，对景是在造园中通过对比手法产生出来的，在主景与对景的风景园林中，要标新立异，各具特色，以增添园林中的景色、景观。恰当的对景设计还会突出主景的位置、划分园林的空间，常起到事半功倍和锦上添花的作用。

5.5.3　框景与夹景

1. 框景

凡利用门框、窗框、树框、山洞等，有选择地摄取另一空间的优美景色，恰似一幅嵌于境框中的立体风景画，称为框景（图 5-2）。《园冶》中谓"藉以粉壁为纸，以石为绘也，理者相石皱纹，仿古人笔意，植黄山松柏、古梅美竹，收之园窗，宛然镜游也"。李渔于自己室内创设"尺幅窗"（又名"无心画"），讲的就是框景；扬州瘦西湖的吹台，也是这种手法。

图 5-1　对景

图 5-2　框景

框景的作用在于把园林绿地的自然美、艺术美与建筑美高度统一、高度提炼，最大限度地发挥自然美的多种效应。由于有简洁的景框为前景，可使视线集中于画面的主景上，同时框景讲求布局和景深处理，又是生气勃勃的天然画面，从而给人以强烈的艺术感染力。

框景必须设计好入框的景色。如先有景而后开窗，则窗的位置应朝向最美的景物；如先有窗而后造景，则应在窗的对景处设置，窗外无景时，则以"景窗"代之。观赏点与景框的距离应保持在景框直径 2 倍以上，视点最好在景框中心。

2. 夹景

为了突出优美景色，常将左右两侧贫乏景观以树丛、树列、土山或建筑物等加以屏障，形成左右较封闭的狭长空间，这种左右两侧的前景叫夹景。夹景是运用透视线、轴线突出对景的方法之一，可以起到障丑显美的作用，可以增加园景的深远感，同时也是引导游人注意的有效方法。

5.5.4 借景与漏景

1. 借景

有意识地把园外的景物"借"到园内可透视、感受的范围中来，称为借景，借景是中国园林艺术的传统手法。一座园林的面积和空间是有限的，为了丰富游赏的内容，扩大景物的深度和广度，在有限空间获得无限的意境，除了运用多样统一、迂回曲折等造园手法外，设计者还常常将视线所及范围内的山景、林景、水景等的形、声、色、香等组织到园内或景区内，以丰富园林景色，扩大园林空间。

借景是中国造园艺术中独特的手法，无形之景与有形之景交相辉映、相映成趣。对自然式园林和综合式园林来讲，借景往往能得到意想不到的艺术效果。借景的应用能扩大园林的空间观感，把周围环境中的各种美的信息借入园内，同时也通过借景使人工创造或改造的园林渗透到外在的自然空间中，以增添园景的自然风趣，使得游客在园内能够欣赏到园外无限优美的景色。借景引用得好，能使园林突破自身基地范围的局限，使整个风景面扩大和延伸出去，将园内、园外的风景连成一片。这就要求在造园的相地阶段，要将借景放在突出的位置上，认真考虑借景的可能性、朝向及组景效果。为达到借景效果，常开辟赏景透视线，对于赏景的障碍物进行整理或去除，譬如修剪掉遮挡视线的树木枝叶等。在园中建轩、榭、亭、台，作为视景点，仰视或平视景物，纳烟水之悠悠，收云山之耸翠，看梵宇之凌空，赏平林之漠漠。为借更多的园外景色，园林中常设有高楼等用于登高远眺的观赏点。北宋苏轼曾有句"赖有高楼以聚远，一时收拾与闲人"，唐诗人王之涣也有"欲穷千里目，更上一层楼"的名句，均道出了登高远望与观赏视野之间的关系。登得越高，看到的景色就越多，也更觉得山水风景的丰富和可爱。同时借景能使观赏者突破眼前的有限之景，通向无限。中国古典艺术特别强调象外之象、景外之景，借景是达到这一境界最有效的途径。美学家叶朗曾经举例说明园林艺术以借景来突破有限，而使游览者对整个宇宙、历史、人生产生一种富有哲理性的感受和领悟。

园林借景因其方法的不同可分为多种。按计成《园冶》的分类，可有远借、邻借、仰借、俯借、因时而借。

1）远借

远借就是把园林远处的景物组织进来，所借物可以是山、水、树木、建筑等。成功的例子很多，如杭州刘庄、郭庄借景西湖，承德避暑山庄借景棒槌峰和外八庙，无锡寄畅园借景惠山，济南大明湖借景千佛山等，为使远借获得更多的景色，常需登高远眺。园内高大的主景，像高楼崇阁、高台或山峦，常常作为远借的理想地方，因此要充分利用园内的有利地形，开辟透视线，也可堆假山、叠高台。如苏州拙政园的雪香云蔚亭、沧浪亭的看山楼、留园的远翠阁等。尽管随着城市的发展，其中不少亭楼已失去了远借的功用，但其原有的构思是较明显的，即位于假山等最高点上，以使视线越过围墙的限制而能观赏远处景色。在中国较著名的郊外山水园林中，建高楼以供游人远望更是一个传统。如长江，为了眺望水天一色的壮丽江景，从西到东，就有岳阳楼、黄鹤楼、太白楼、多景楼四大名楼。在这些楼中赏景，既可以极大地展扩风景的广度和深度，又能使游人联想起历代的名人雅士，堪称融自然、人文于一炉。王勃的"画栋朝飞南浦云，珠帘暮卷西山雨"，杜甫的"窗含西岭千秋雪，门泊东吴万里船"等名句，都是对远借的审美意蕴的深刻领悟。

2）邻借

邻借就是把园子邻近的景色组织进来，是间隔距离较短的借景。周围景物，只要是能够利用成景的都可以借用，一般有山体、楼台俯视或开窗透视，将邻近景色引入。如苏州沧浪亭园内缺水，而临园有河，则沿河做假山、驳岸和复廊，不设封闭围墙，通过复廊、山石驳岸，自然地将园外之波与园内之景组为一体。苏州拙政园西部假山上的宜两亭也是邻借的范例，原先拙政园中部及西部分属两个园主，为了借入中部的山池景色，便建造了这一高踞山巅的小亭，因赏景视点较高，故围墙两边景色均可纳入游人视线。

3）仰借

仰借是利用仰视借取的园外景观，以借高处景物为主，如古塔、高层建筑、山峰、大树，还包括碧空白云、明月繁星、翔空飞鸟等。如北京的北海借景山，南京玄武湖借鸡鸣寺均属仰借。从低向高处看，或从舟中，或从池中小榭看景，所见到的是一幅由近到远、层次分明、浓淡相间的风景画面，游赏者便容易产生恬静、悠闲的审美情趣。仰借易使视觉疲劳，观赏点应设亭台座椅。

4）俯借

俯借是指利用居高临下俯视观赏园外景物，登高远望、俯视所借园外或景区外的景物。从高处往下看，视线开阔，看得也远。见到远近山水均伏在脚下，便会产生一种豪放、雄旷的审美心态，所借景物甚多，如江湖原野、湖光倒影等。

5）因时而借

因时而借是利用一日或四季大自然的变化与园景配合组景。一日可朝借朝霞旭日，晚借夕阳星夜月。以一年四季来说，春光明媚、夏日原野、秋天丽日、冬日冰雪是一年四季的真实写照。许多名景都是应时而借而成名的，如杭州西湖的平湖秋月、曲院风荷，河南嵩山的嵩山待月，洛阳西苑的清风明月亭，都是通过因时而借组景的，其艺术效果相当不错。植物也随季节转换，春借桃柳、夏借荷塘、秋借丹枫、冬借飞雪等。如北京香山饭店园林"烟霞浩渺"景观，就是巧借南部的西山红叶形成的。当人们站在"溢香厅"前平台南望，视线透过两株大银杏，直达 700 米以外山巅，山上黄栌，万树含烟，入秋如霞。

借景虽属传统园林手法，但如今兴造城市绿地也可借鉴此法，可弥补由于园内面积过小而造成的园内景色、景点的贫乏和单调，使景观更有情趣。园址选择理想，加上园林规划设计科学，便可收到事半功倍的园林艺术效果。城市有许多高层建筑，可以借鉴借景手法组织景观，比如电视塔、空中餐厅等都是理想的借景场所，而极目所望的景点便是最廉价而又最优美的"借景"了。

2. 漏景

若隐若现，有"犹抱琵琶半遮面"的感觉，含蓄雅致，是空间渗透的一种主要方法。景不仅限于漏窗看景，还有漏花墙、漏屏风等。除景窗花格、山石环洞外，疏林树干也是好材料，但植物不宜色彩华丽，树干宜空透阴暗，排列宜与景并列，所对景物则以色彩鲜艳、亮度较大为宜。

【思考与练习】

1. 列举风景园林的形式美法则。
2. 试分析园林的主题立意在中国风景园林不同发展阶段中的体现。
3. 辨析结构设计、意象设计和文脉设计的概念和特点。
4. 影响园林空间围合的元素有哪些？
5. 结合实际案例分析风景园林中突出主景的方法。
6. 简述框景与夹景的联系与区别。

第6章

风景园林的分类设计

6.1 城市广场规划设计

6.1.1 城市广场的分类

1. 按照城市广场的性质分类

城市广场按性质可分为集会游行广场、纪念广场、休闲广场、交通广场和商业广场等。但这种分类是相对的，现代城市广场许多是多功能复合型广场。

1）集会游行广场

早在古希腊时期就出现了集会游行广场，例如，古希腊的纪念性神庙建筑和雅典卫城，既是祭祀神灵的殿堂，又是公共集会的场所。再例如，古希腊的政治集会广场阿戈拉和意大利罗马集会广场，构成了古代都市政治、经济、宗教活动的中心，国民可以在此参加游行集会、发表演说等活动。阿戈拉广场由许多与建筑物相连的柱廊环抱形成四边形，是世界闻名的古建筑环境之一。集会游行广场，一般位于城市主要干道的交会点或尽端，便于人们通达。广场周围大多布置公共建筑，除了为集会、游行和庆典提供场地外，也兼有为人们提供旅游、休闲等活动空间。平时又可起到组织城市交通的作用，并与城市主干道相连，满足人流集散需要。但一般不可通行货运交通、设摊位进行商品交易，以避免影响交通和产生噪声污染。广场上通常设绿地，种植草坪、花坛，形成整齐、优雅、宽旷的环境。例如北京天安门广场、俄罗斯莫斯科红场。

2）纪念广场

从文艺复兴盛期到巴洛克风格晚期（16世纪至18世纪），对广场的观念和广场的建造有了根本性的改变。这时期，广场的修建充分体现了君权主义的建筑思想，表达了对君主专制政权的服从，成为统治者个人歌功颂德的场地，因此纪念广场得以发展。历史上的城市纪念广场可以说一开始就是当权者控制的舞台。同时，这个舞台也真实地记录了一个城市的政治与社会变迁的历史。现代城市的纪念广场多以历史文化遗址纪念性建筑为主，往往在广场中心建立纪念物，如纪念碑、纪念塔、纪念馆、人物雕塑等，供人们缅怀历史事件和历史人物。纪念广场的性质决定它必须保持环境幽静，所以选址应考虑尽量避开喧闹繁华的商业区或其他干扰源。纪念广场一般宜采用规整形，应有足够的面积和合理的交通，与城市主干道相连，保证广场上的车辆畅通无阻，使行人与机动车互不干扰，确保行人的安全，广场还应有足够的停车面积和行人活动空间。主题性纪念标志物应根据广场的面积确定其尺寸的大小。广场在设计手法、表现形式、材质、质感等方面，应与主题相协调统一，形成庄严、雄伟、肃静的环境。例如，气势磅礴、雄伟壮观的法国皇家广场及位于南锡的斯塔尼斯拉斯广场。斯塔尼斯拉斯广场建于 1761 年至 1769 年，是波兰国王洛兰公爵斯塔尼斯拉斯主持建筑的皇家广场。19 世纪时改以建造者的名字命名，并以其雕像取代了路易十五的雕像，同样，巴黎旺多姆广场是以纪念路易十四为主题而建的纪念广场。

3）休闲广场

休闲广场是集休闲、娱乐、体育活动、餐饮及文艺观赏为一体的综合性广场。欧洲古典式广场一般没有绿地，以硬质铺地为主。现代城市休闲广场体现人性化，遵循"以人为本"的原则，以绿为主，给人以安静之感。合理的绿化，起到了遮阳避雨，减少噪声污染的作用，达到改善广场小气候的目的。走进广场，人们仿佛置身于森林、草原、湖泊之中，只见天空风筝争奇斗艳，水池中各种鱼儿欢快地游玩，绿荫下、长凳旁，人们愉快地交谈着，形成了人与自然相互交融的城市风景画。广场中应设置各种服务设施，如厕所、小型餐饮厅、电话亭、饮水器、售货亭、交通指示显示屏、健身器材等，还应设置园灯、椅子、遮阳伞、果皮箱、残疾人通道，配置灌木、绿筒、花坛等，以此处处体现以"人"为中心，时时为"人"服务的设计宗旨，并利用地面高差、绿化、雕塑小品、铺装色彩和图案等要素多种设计组合，进行空间的限定划分，形成空间层次感，以满足不同文化、不同层次、不同习惯、不同年龄的人们对休闲空间的要求。

4）交通广场

交通广场是城市交通系统的重要组成部分，是连接交通的枢纽。例如，环形交叉广场、立体交叉广场和桥头广场等，其主要功能是起到合理组织和疏导交通的作用。设计交通广场时，既要考虑美观又要关照实用，使其能够高效快速地分散车流、人流、货流，保证广场上的车辆和行人互不干扰，顺利安全地通行。广场尺寸的大小，取决于交通流动量的大小、交通组织方式和车辆行驶规律等。

20 世纪，欧洲城市广场较侧重于考虑交通的便利，广场起到了改变城市交通结构，使之成为网状交通的作用。交通广场可分两类，一类是起着城市多种交通会合和转换作用的广场，如站前广场是综合火车、公交车、长途客车、出租车、私人车辆及自行车等诸多交通工具的换乘枢纽。如何处理好人流、车流的中转，是一个重要的问题。因此，应将人行道与车行道分离，确保行人安全、车辆畅通无阻，并设置交通指示标牌、道路交通标线等交通诱导系统，快速分流车辆。站前广场的交通秩序主要取决于各类停车场规划的好与坏，应将停车场设置在广场的外围，站前空地作为行人广场，避免车与人相互干扰，发生交通堵塞，广场的面积大小取决于车辆和行人的数量。站前广场是一座城市的窗口，也是一座城市的标志，反映了一座城市的整体形象，因此，交通广场的设计起着重要作用。广场应与周围建筑相协调、相配合，使其具有表现力，使人们留连忘返，留下深刻而美好的印象。另一类是由城市多条干道交会处所形成的交通广场。这种交通广场起着向四面八方高效分流车辆的作用，所以，设计广场道路的宽窄、转角时要科学、合理，确保车辆的安全行驶。由于其往往位于城市的主轴线上，也就决定了它的造型、绿化等美观问题的重要性。绿化设计应采用矮生植物和花卉为主（北方城市最好采用四季长青植物，在冬季也能有较好的装饰作用），保证驾驶员的视野开阔。

5）商业广场

商业广场是指位于商店、酒店等商业贸易性建筑前的广场，是供人们购物、娱乐、餐饮、商品交易活动使用的广场，其目的是方便人们集中购物，它是城市生活的重要中心之一。广场周围的建筑应该以其为核心，这样不但可以使整个商业广场凝聚人气，还可以显示整条商业街欣欣向荣的景象。商业广场的交通组织非常重要，交通犹如城市的大动脉，应考虑到由城市各区域到商业广场的"方便性"和"通达性"。

广场周围的交通应四通八达。为了避免广场受到机动车的干扰，保证人们在购物前后有个安静舒适的休息环境，可设地下车道，并与广场周围车道相连接。保证人流、货运通道、公交车通道、消防车通道、私家车及各种其他机动车通道等不同性质的交通流动线分区明确、畅通无阻，以满足人们对现代生活的快节奏的需求。可以说，商业广场是一座城市商业中心的精华，直接反映了城市经济、文化发展的水平。

商业广场的花草树木的配景也不容忽视，合理的草木设置不仅能丰富城市的节令文化，而且增加了城市的趣味。广场环境美化程度的好与坏是设计中重点考虑的因素。可以将自然景观引入广场设计当中，例如大量引入树木、花卉、草坪、动物、水等自然景观，当然，公共雕塑如柱廊、雕柱、浮雕、壁画、小品、旗帜等艺术小品和各种服务设施也是必不可少的。优秀的设计可以创造出各种宜人的景象，使人们驻足停留，乐在其中，轻松享受安逸的休闲时光，从而形成一个生机勃勃的城市商业休闲空间。商业广场的"亮化"，是广场景现的延伸，"亮化"可以使商业广场的夜景空间富有层次感，并且达到重点突出的目的。五彩缤纷的广场夜景，使城市商业中心的繁华得以充分展现，也营造了人们丰富多彩的"夜生活"文化。

2. 按广场平面组合形态分类

广场形成的形态，因受观念、历史文化传统、功能、地形地势等多方面因素的不同影响，所以形成的形态也不同。广场的形态可分三类：一是规则的几何形广场，二是不规则形广场，三是复合型广场。

1）规则的几何形广场

规则的几何形广场包括方形（正方形、长方形）广场、梯形广场、圆形（椭圆形、半圆形）广场等。规则形状的广场，多是经过有意识的人为设计而建造的。广场的形状比较对称，有明显的纵横轴线，给人们一种整齐、庄重及理性的感觉。有些规则的几何形广场具有一定的方向性，利用纵横线强调主次关系，表现广场的方向性。也有一些广场以建筑及标识物的朝向来确定其方向，例如天安门广场通过中轴线而纵深展开，从而造成一定的空间序列，给人们一种强烈的艺术感染力；巴黎协和广场是巴黎最大的广场，位于巴黎主中轴线上，广场中间竖立了一座高 23 米，具有 3300 年历史的埃及方尖碑，四周的八座雕塑，象征着法国八大城市；中世纪意大利西耶那市政厅广场，呈串圆形，从 13 世纪起经过对景观不断的改造，使得广场典雅大方，驰名世界；巴黎星形广场，修建于 19 世纪中叶，围绕著名的凯旋门一周并以其为中心，由 12 条道路向四周辐射组成，因其从空中鸟瞰形如星状，所以称为星形广场，每当夜幕降临，这里将燃起不灭的火焰，以此来纪念法国大革命。

2）不规则形广场

不规则形广场，有些是人为、有意识地设计的，是由广场基地现状、周围建筑布局和设计观念等方面形成的；也有少数是非人为设计的，是人们对生活不断的需求自然演变而成的。广场的形态多照建筑物的边界面确定，位于地中海的阿索斯广场就是顺自然地形演变成的不规则梯形。

3）复合型广场

复合型广场是以数个单一形态广场组合而成，这种空间序列组合方法是通过运用美学法则，采用对比、重复、过渡、衔接、引导等一系列处理手法，把数个单一形态广场组织成为一个有序、变化、统一的整体。这种组织形式可以为人们提供更多功能合理性、空间多样性、景观连续性和心理期待性的场所。在复合型广场一系列空间组合中，应有起伏、抑扬、重点与一般的对比，使重点在其他次要空间的衬托下，得以足够突出，使其成为控制全局的高潮。复合型广场占地面积及规模较大，是一个城市中较重要的广场。例如大连胜利广场，占地面积147000平方米，中心广场北部为娱乐广场，南部为体育场，在处理手法上将主广场与次广场串联融合，体现了空间、视觉和功能的效果转化。城市中心广场占地52800平方米，绿地面积18646平方米，它是广场的演出台，是城市标志性建筑，由广场音乐观水台、光之路、健身场、休息区、绿化景观区等部分组成，全新的设计理念，成功地将城市美丽景色如诗如画般地展现在人们面前。

3. 按广场的组成形式分类

广场的组成形式可分为平面型和立体型。平面型广场在城市空间垂直方向没有高度变化或仅有较小变化，而立体型广场与城市平面网络之间形成较大的高度变化。

1）平面型广场

传统城市的广场一般与城市道路在同一水平面上。这种广场在历史上曾起到过重要作用，能以较小的经济成本为城市增加亮点。

2）立体型广场

今天的城市功能日趋复杂化，城市空间用地也越来越趋于紧张。在此情况下，设计者开始考虑城市空间的潜力，在地上、地下进行多层次的开发，以改善城市的交通、市政设施、生态景现以及环境质量等问题，于是就有了立体型广场的出现。由于立体型广场与城市平面网络之间高度变化较大，可以使广场空间层次变化更加丰富，更具有点、线、面相结合的效果。立体型广场又分为上升式和下沉式广场两种类型。

（1）上升式广场

上升式广场构成了仰视的景观，给人一种神圣、崇高及独特的感觉。在当前城市用地及交通十分紧张的情况下，上升式广场因其与地面形成多重空间，实行人车分流，互不干扰，极大地节省了空间。采用上升式广场，可打破传统的封闭感觉，创造了多功能、多景观、多层次、多情趣的"多元化"空间环境。

（2）下沉式广场

下沉式广场构成了俯视的景观，给人一种活泼、轻松的感觉，被广泛应用在各种城市空间中。下沉式广场为忙碌一天的人们提供了一个相对安静、封闭的城市休闲空间环境。下沉式广场应比平面型广场整体设计更舒适完美，否则不会有人愿意特意造访此地以及在此停留，所以下沉式广场舒适程度的好坏是非常重要的，应建立各种尺度合宜的"人性化"设施（如座椅、台阶、遮阳伞等），考虑到不同年龄、不同性别、不同文化层次及不同习惯人们的需求，设置残疾人坡道，方便残疾人的到达，强调"以人为本"的设计理念。下沉式广场因其是地下空间，所以要充分考虑绿化效果，以免使人感到窒息，产生阴森之感，应设置花坛、草坪、流水、喷泉、林荫道等。下沉式广场的可达性也是同等重要，应考虑到下沉广场的交通与城市主要交通系统相连接，使人们可以轻松地到达广场。例如大连胜利广场，下沉式主广场与平面型广场串联成一体，形成了序列性空间，体现了空间、视觉和功能的效果转换，给人以耳目一新的感觉。

6.1.2　城市广场的比例尺度

1. 广场的比例

所谓比例，是指一个事物整体中的局部与自身整体之间的数比关系。比例，是广场设计中最基本的手法之一，也是最具表现力的手法之一。正确地确定广场比例，可以形成良好的广场组合形式关系。广场构图的各个部分、各尺寸，有不同性质的关系，主要取决于广场性质和功能。不同的比例可以引起不同的美感，古希腊的毕达哥拉斯学派认为自然万物最基本的元素是数，数的原则统摄一切现象。这个学派运用这个观点研究美学问题，探求音乐、建筑等艺术形式中什么样的数比关系能产生美的效果，并提出了"黄金分割"概念。在广场设计中，任何组合要素本身或者是局部与整体之间，都存在某种确定的数的制约、数比关系，但是人们一旦掌握这个制约和数比关系就能产生适应自己时代、社会的理想化的美感形式成果。同时，它却又随着时代变化而在不断变化。广场的模数比例关系，一般只有简单而又合乎模数的比例关系，才是比较和谐的。历史上就出现了 1：1.618 黄金比例分割原则，这个原则曾起到了积极作用，同时也起了不少消极作用，一度成为程式化的、僵化的东西。

2. 广场的尺度

尺度概念与比例有很多内在的相似关系和联系。尺度是人与它物之间所形成的数比关系，而比例是任何事物自身整体与自身局部之间的数比关系。尺度是以人的自身尺寸关系与它物尺寸之间所形成的特殊数比关系，所谓特殊是指尺度必须是以人的自身尺寸作为基础。比如，一按键的大小尺寸与人的手指大小尺寸就会形成一定的尺度关系，又如一个人站在天安门广场上，他与广场形成的关系也是尺度关系。再如某一个人分别站在天安门广场和北京站站前广场上，他与这两个广场的尺度关系就大不相同。

6.1.3　广场的地形与地面铺装

铺装是城市广场设计中的一个重点，广场铺装具有功能性和装饰性的意义。首先是在功能上可以为人们提供舒适耐用（耐磨、坚硬、防滑）的广场路面。利用铺装材质的图案和色彩组合，界定空间的范围，为人们提供休息、观赏、活动等多种空间环境，并可起到方向诱导作用。其次是装饰性，利用不同色彩、纹理和质地的材料巧妙组合，可以表现出不同的风格和意义。

广场铺装图案常见的有规则式和自由式组织形式。规则式有：同心圆、方格网等组织形式。同心圆的组织形式给人一种既稳定又活泼的向心感觉。方格网的组织形式给人一种安定的居住感。自由式组织形式给人一种活泼、丰富的感觉。根据广场的不同性质和功能采用不同的组织形式，可以创造出丰富多彩的空间环境。常见的铺装地砖形状有：矩形、方形、六边形、圆形、网形、多边形。矩形地砖具有较强的方向性，可有目的地用在广场的道路上，起到引导人们方向的作用；方形和六边形没有明确的方向感，应用也较广泛；圆形可赋予地面较强的装饰性，但因为它的拼缝处理较难，所以不宜在广场上大面积使用，可在局部采用以起到装饰的作用。地砖表面质感有光面、纹理等形式，应根据人们使用目的和舒适度来决定采用何种形式，如广场供人们行走的路面尤其是坡路，不宜采用表面过于光滑的地砖，以免雨天和雪天路面太滑，人们行走不便；相反，如果广场路面过于凹凸不平，也会降低人们的舒适感。地砖表面质感的选择既要考虑人们的使用功能又要考虑视觉效果（远看、近看的效果都应考虑）。

6.1.4 广场的布局组织

在广场设计中，不应仅仅考虑孤立的广场空间，应将与广场有关联的城市各种因素进行全盘考虑和设计，使广场设计成为整体空间设计中不可分割的一部分，将几个不同形式的公共空间组合成一组完整的广场空间。有些公共空间之间的形式是有规则的，也有些公共空间之间的形式是无规则的，使其成为城市中有序的有方向性的整体空间，这方面欧洲城市广场空间组织可堪称典范。如罗马圣彼得广场，采用轴线的手法，将圣彼得大教堂、列塔广场、方尖碑广场、鲁斯蒂库奇广场串联起来，构成有序完整的组群空间。而法国南锡广场、星形广场也是很好的范例，利用轴线的设计手法，将每一个广场都与主轴线密切结合，形成了一个个富有变化的序列空间。

6.1.5 广场的绿化设计

完整的城市广场设计应包括广场周边的建筑物、道路和绿地的规划设计。广场绿化设计和其他广场元素一样，在整体设计中起着至关重要的作用，它不仅为人们提供了休闲空间，起到美化广场的作用，而更重要的是它可以改善广场的生态环境，提供人类生存所必需的物质环境空间。科学实验证明，大气中的氧气主要由地球上的植物提供，一棵树冠直径 15 米，覆盖面积 170 平方米的老桦树，白天每小时生成氧 1.71 千克，每公顷树林每天供氧 10～20 吨。绿化覆盖率每增加 10%，气温降低的理论最高值为 2.6%，在夜间可达 2.8%，在绿化覆盖率达到 50% 的地区，气温可降低将近 5℃。由此可见广场绿化的重要性。

广场绿化要根据广场的具体情况及广场的功能、性质等进行设计。如纪念性广场，它的主要功能是满足人们集会、联欢的需要，此类广场一般面积较大，为了保持广场的完整性，道路不应在广场内穿越。避免影响大型活动，保证交通畅通，广场中央不宜设置绿地、花坛和树木，绿化应设置在广场周边。布局应采用规则式，不宜大量采用变化过多的自由式，目的是创造一种庄严肃穆的环境空间。目前，广场的功能逐渐趋于复合化，虽然是性质较为严肃的纪念广场，但是人们在功能上也提出了更高的要求。在不失广场性质的前提下，可以利用场地划分出多层次的领域空间，为人们提供休息空间环境的同时也丰富了广场的空间层次。为了调节广场气氛及美化广场环境，可配置色彩优雅的花坛、造型优美的草坪和绿篱等。

有些广场为了在冬天也有绿化效果，采用大量的常青翠柏绿化，每当人们走进广场犹如走进烈士陵园，使人们感到过于压抑、拘谨和严肃，应予以避免。休闲广场的设计应遵循"以人为本"的原则，以绿为主。广场需要较大面积的绿化，整体绿化面积应不少于总面积的 25％，为人们创造各种活动的空间环境，可利用绿地分隔成多种不同的空间层次，如大与小、开敞与封闭等空间环境（如私密的情侣、朋友间的交谈）来满足人们的需要。绿化整体设计可采用栽种高大的乔木、低矮的灌木、整齐的草坪、色彩鲜艳的花卉，设置必要的水景及放养小动物等，从而产生错落有致、参差多变、层次丰富的空间组合，构成舒展开阔的巧妙布局。使人们走进广场仿佛置身于森林、草地、湖泊之中，享受在鸟语花香的人间天堂里。

合理绿化不但可以美化广场环境，而且可以起到为人们遮阳避雨、减少噪声污染、减弱大面积硬质地面受太阳辐射而产生的辐射热以及改善广场小气候的作用。交通广场的功能主要是组织和疏导交通，因此汽车流量非常大，为了减少汽车尾气和噪声污染，保持广场空气清新，实践证明种植大量花草树木可以达到良好的吸尘减噪的效果。另外，设置绿化隔离带，可采用一些低矮的灌木、草坪和花卉（树高不得超过 70 厘米，以避免遮挡驾驶员的视线，保证行车安全），可以起到调节驾驶员和乘客视觉的作用。绿化布局应采用规则式，图案设计应造型简洁、色彩明快，以适应驾驶员和乘客的瞬间观景的视觉要求。广场中央可配置花坛以起到装饰广场的作用。

6.1.6　广场的小品设计

小品可称为广场设计中的"活跃元素"，它除了起到活跃广场空间、改善设计方案品质的作用外，更主要的是它是城市广场设计中的有机组成部分，所以广场小品设计的好坏，显得尤其重要。城市广场小品在满足人们使用功能的前提下也可满足人们的审美需求，满足人们使用功能的广场小品如座椅、凉亭、柱廊、时钟、电话亭、售货亭、垃圾箱、路灯等；满足人们审美需求的广场小品如雕塑、花坛、花架、喷泉等；另外还可以利用广场小品的色彩、质感、肌理、尺度、造型的特点，结合成功的布局，创造出空间层次分明、色彩丰富且具有吸引力的广场空间。

广场小品设计应能体现"以人为本"的设计原则，具有使用功能的小品如座椅、健身器材、电话亭等的尺寸、数量以及布局，应能符合人体工程学和环境行为学的原理。一般来说，人们喜欢歇息在有一定安全感，具有良好视野并且亲切宜人的空间环境里，不喜欢坐在众目睽睽之下毫无保护的空间环境里。小品色彩处理得好，可以使广场空间获得良好的视觉效果。中国有一句俗语："远看颜色近看花"，色彩很容易造成人们的视觉冲击，巧妙地运用色彩可以起到点缀和烘托广场空间气氛的作用，为广场空间注入无限活力；如果处理得不好，易产生色彩杂乱的效果，产生视觉污染。小品的色彩应与广场的整体空间环境相协调，色彩不能过于单调，否则将造成呆板的效果，使人们产生视觉疲劳。

小品色彩应与广场的周边环境和广场的主体色相协调，且小品造型要统一，在广场总体风格中，要分清主从关系。哲学家赫拉克利特指出："自然趋向差异对立，协调是从差异对立而不是从类似的东西中产生的。"所以小品的造型要有变化且统一而不单调，丰富而不凌乱，只有这样才能使广场具有文化内涵，风格鲜明，有强烈的艺术感染力。正如每一座城市都有自己的形象一样，每一个城市广场也应有自己的主题，雕塑小品在城市广场中担负着重要角色，对于广场形象的塑造，起到了画龙点睛的作用。它们将艺术美、生活美、情感美融为一体，是广场的灵魂，吸引了人们，感染了人们。城市广场雕塑小品的主题确定应能反映一个城市的文化底蕴，代表一个城市的形象，彰显一个城市的个性，能给人们留下深刻的印象。广场雕塑小品作为公共艺术品，影响着人们的精神世界和行为方式，体现着人们的情趣、意愿和理想，应把握住积极进取的主格调。

雕塑小品是三维空间造型艺术，为人们在空间环境中从多方位观赏提供了可能性，所以，它涉及的环境因素有很多：①雕塑小品的设计应注重与广场自然环境因素相协调，应考虑主从关系，使代表广场灵魂的雕塑小品在杂乱的背景中显现出来。②雕塑小品与人的距离关系。人是广场的主体，雕塑小品与人的距离远近是关系到小品是否能够完整地呈现出来的关键。人在广场中一般呈动态时候较多，所以要考虑雕塑小品大的形与势，不可仅仅注重局部的刻画，所谓"远观其势"就是要看远距离的效果。③雕塑小品与周边环境的尺度关系。首先要考虑雕塑小品本身各部分的透视角度，其次，要注意雕塑小品与广场环境的尺度，如果广场面积过大，雕塑形体过小，会给人们一种荒芜的感觉；相反，则会给人们一种局促的感觉。所以，要正确处理好雕塑小品的尺度问题。④雕塑小品的观赏角度。雕塑小品因是三维空间的造型艺术，人们可以从多角度去欣赏，所以，雕塑小品各个角度的塑造要尽可能完美，为人们提供一个良好的造型形象。

6.2 城市公园绿地规划设计

6.2.1 城市公园发展概况

1. 国外城市公园历史发展概述

世界造园史有 6000 多年，但公园的出现却是近几百年的事情。17 世纪中叶，英国爆发了资产阶级革命，建立资本主义社会制度不久，法国也爆发了资产阶级革命，继而，革命浪潮席卷欧洲。在"自由、平等、博爱"的口号下，新兴的资产阶级没收了封建领主及皇室的财产，把大大小小的宫苑和私园向公众开放，并统称为公园（Public park），这就为 19 世纪欧洲各大城市产生一批数量可观的公园打下了基础。此后，随着资本主义近代工业的发展，城市逐步扩大，人口数量增加，污染日益严重。在这种历史条件下，资产阶级对城市环境也进行了一些改善，把若干私人或专用的园林绿地化作公共场所使用，或新辟了一些公共绿地，然而，真正意义上进行设计和营造的公园则始于美国纽约的中央公园。1858 年，政府通过了由著名的沃姆斯特德（1822—1903）主持设计的美国纽约中央公园项目，公园面积 340 公顷，以田园风景、自然布置为特色，成为纽约市民游憩娱乐的场所。公园设有儿童游戏场、骑马道，在世界公园史上另立新篇章。纽约中央公园的成功，使其他城市竞相模仿建造大规模公园，导致公园与公园之间相连接，而林荫大道的建立，使公园绿地系统思想萌芽，这就是不仅连接市内大小公园，而且将附近的名胜古迹均包含在广义公园系统内。

2. 国内城市公园历史发展概述

1）1949 年前公园状况

回顾 1840 年，英国帝国主义在第一次鸦片战争中，用大炮打开了清朝闭关锁国的大门，此后帝国列强把中国瓜分成各自的势力范围。为了满足他们游憩的需要，在中国相继建造了一些"公园"。如上海的"公花园"（现黄埔公园，1868 年）、"虹口公园"

（1902 年）、"法国公园"（现复兴公园，1908 年），天津的"法国公园"（现中心公园，1917 年）等。这些公园多以大片草坪、树木和花坛为主，建筑物很少，在功能、布局和风格上都反映了外来特征，对我国公园的发展建设有一定的影响。1906 年，由无锡地方乡绅筹资兴建的"锡金山花园"，可以说是我国最早自己兴建公园的雏形，公园内有土山树木草地等。1911 年扩建后，定名为"城中公园"，当时曾由日本造园家规划监造，种植大量日本运来的樱花，假山上还置有宝塔等，留下日本造园的痕迹。辛亥革命后，当时的一批民主主义者极力宣传西方的"田园城市"思想，倡导筹建公园，于是在一些城市里，相继出现了一批公园，如广州的越秀公园、汉口的市府公园（现中山公园）、北平的中央公园（现中山公园）、南京的玄武湖公园、杭州的中山公园、汕头的中山公园等。这些公园大多是在原有的风景名胜基础上整理改建的，也有的是参照欧洲公园的风格进行扩建、改造。

2）中华人民共和国成立后城市公园发展情况

中华人民共和国成立后，由于党和政府对城市园林绿化工作的重视，对人民群众文化生活的关心，公园规划建设有了较大的发展，公园的数量有了较大提高，种类也日趋丰富，规划建设、经营管理水平亦不断提高和完善。我国城市公园的发展大致经历了 6 个阶段。

（1）1949—1952 年。这一阶段的主要特点是全国各城市以恢复原有公园和改造、开放私家公园为主。如北京市修缮了中山、北海两个公园，抢修颐和园的古建筑；广州市扩建越秀公园，新辟文化公园；南京市恢复了中山陵园、和平公园等。

（2）1953—1957 年。这一阶段的主要特点是全国各城市结合改造和新城开发大量新建公园，如北京市的陶然亭、东单、什刹海、龙潭湖等公园，并利用名胜古迹改建开辟了日坛、月坛等公园；上海市新建了蓬莱公园、海伦公园、杨浦公园等。此外，其他城市也兴建了大量的城市公园。

（3）1958—1965 年。这一阶段的主要特点是全国各城市公园建设的速度减慢，工作重心转向强调普遍绿化和园林结合形式，出现了把公园经营农场化和林场化的倾向，如中山公园兴建了果园。此期间兴建的少量公园有上海长风公园，广州流花湖、东山和荔湾湖公园，西安兴庆公园，桂林七星公园等。

（4）1966—1976 年。这一阶段全国城市公园建设事业迟滞不前，1968 年全国新建公园数量为零。

（5）1977—1984 年。这一阶段全国各城市公园建设重新起步，数量增加，质量提高，建设速度普遍加快。

（6）1985 年至今。这一阶段是我国公园建设发展的最好时期，尤其是旅游事业的发展直接刺激了城市公园的发展，使城市公园的数量猛增，公园建设的范围也由大、中城市扩大到小城镇。此外，公园类型也日益丰富起来，如北京的石景山雕塑公园，无锡的三国城、欧洲城，青岛的雕塑公园等。

3. 国内外城市公园发展特点

纵观城市公园的发展历史，不难看出，公园的发展速度快慢很大程度上取决于社会经济的发展和社会公众环境意识的提高，而公园的发展随着时间的推移呈现出以下几个方面特点：

1) 公园的数量不断增加，公园的建设质量不断完善。如日本，1950 年全国仅有公园 2596 座，1976 年则增加到 23477 座，数量增加了 9 倍多。

2) 公园的类型呈现多元化。近年来，城市公园除传统意义上的公园外，各种新颖、特色的公园也不断涌现，如美国的宾夕法尼亚州开辟了"知识公园"，园中利用地形布置了多种多样普及自然常识的"知识景点"，每个景点都配有讲解员为游客服务；在斯里兰卡科伦坡德瓦拉辟有一处"蝴蝶公园"，园中养有 36 种不同类型的蝴蝶，还设有蝴蝶标本制作中心，数以百万计五彩缤纷的蝴蝶成为公园的流动景观；此外，特色公园还有丹麦的童话公园、美国的迪士尼乐园、澳大利亚的袋鼠公园、英国的航海公园、奥地利的音乐公园、印度尼西亚的缩影公园、美国的仙人掌国家纪念公园等。

3) 公园的规划布局越来越趋向自然化。公园在规划、建设过程中，越来越追求真实、朴素的自然美，最大限度地让人们去体会自然、接触自然、融入自然。

4) 公园建设、养护管理趋于科学化。现代化公园内建筑的设计建设能够采用生态性节能技术，同时，植物的养护等操作实现机械化，可运用电脑技术进行监控与操作。

6.2.2　城市公园的类型

1. 美国的公园分类：

儿童游戏场（Children's Playground）

近邻运动公园/近邻休憩公园（Neighborhood Playground-Parks，or Neighborhood Recreation Parks）

特殊运动场。如运动场、田径场、高尔夫球场、海滨游泳场、露营地等

教育休憩公园（Educational-Recreational Areas）。如动物园、植物园、标本园、博物馆等

广场（Ovals，Trianglesand Other OddsandEnds Proverties）

近邻公园（Neighborhood Parks）

市区小公园（Downtown Squares）

风景眺望公园（Scenic Outlook Parks）

滨水公园（Waterfront Landscaped Rest Scenic Parks）

综合公园（Large Landscaped Recreatin Parks）

保留地（Reservations）

道路公园及花园路（Bouleroads and Park Ways）

2. 德国的公园分类：

郊外森林公园

国民公园（Volks park）

运动场及游戏场

各种广场（Platze）

有行道树的装饰道路（花园路）

郊外的绿地

运动设施

分区园（Kleigarten）

6.2.3 城市公园的功能分区

城市公园是一种为城市居民提供的、有一定使用功能的自然化的游憩生活境域，是城市的绿色基础设施，它作为城市主要的公共开放空间，不仅是城市居民的主要休闲游憩活动场所，也是市民文化的传播场所。1993年，国际公园与游憩管理联合会（IFPRA）亚洲太平洋地区大会和日本公园绿地协会第35次全国大会在日本茨城县水产市联合召开，大会讨论的主题便是"公园能动论"（Park Dynamism），其主要论点便是：公园不仅应为游人提供游憩设施，满足居民消费需要，而且应主动地向群众宣传当前人类环境面临的问题，以及公园绿地在健全生态和提高城市化地区对社会的经济、人口增加所造成压力的支撑力方面的重要作用。通过提高群众对公园绿地系统重要性的认识，进而达到从舆论、政治、规划、法律等方面，为公园绿地的保护与发展，为城市与自然的协调共存创造有利的条件：即城市公园在城市中应具有多样的价值体系，如生态价值、环境保护价值、保健休养价值、游览价值、文化娱乐价值、美学价值、社会公益价值与经济价值等。对于如上海、北京、广州等大城市来讲，城市公园无论在社会文化、经济、环境以及城市的可持续发展等方面都具有非常重要的作用。

1. 城市公园的社会文化功能

1）休闲游憩功能

城市公园是城市的起居空间，作为城市居民的主要休闲游憩场所，其活动空间的活动设施为城市居民提供了大量户外活动的可能性，承担着满足城市居民休闲游憩活动需求的主要职能，这也是城市公园的最主要、最直接的功能。

2）精神文明建设和科研教育的基地

城市公园容纳着城市居民的大量户外活动。随着全民健身运动的开展和社会文化的进步，城市公园在物质文明建设的同时也日益成为传播精神文明、科学知识和进行科研与宣传教育建设的重要场所。各种社会文化活动如歌唱、健身、交谊等在城市公园中的开展，不仅陶冶了市民的情操，提高了市民的整体素质，形成了一种独特的大众文化，同时也使城市公园在社会主义精神文明建设中的作用越来越突出，越来越不容忽视。

2. 城市公园的经济功能

1）防灾、减灾功能

城市公园由于具有大面积公共开放空间，不仅是城市居民平日的聚集活动场所，同时承载着城市的防火、防灾、避难等方面的功能。城市公园可作为地震发生时的避难地，火灾发生时的隔火带，大公园还可作救援直升飞机的降落场地、救灾物资的集散地、救灾人员的驻扎地、临时医院所在地、灾民的临时住所和倒塌建筑物的临时堆放场。据北京市园林局统计，1976年唐山大地震期间，北京市近200万人进入各类公园绿地进行避震。另外如1993年的美国洛杉矶大地震和1995年的日本坂神大地震中，城市公园在灾中的避难和灾后的安置重建中便起到非常重要的作用，把上面所列的功能发挥到了极限。对于上海、北京这样拥有上千万人口的城市来说，城市公园的防灾、减灾功能更是不容忽视。

2）预留城市用地

城市公园可作为建设未来城市公共设施之用。城市公园的兴建，在短期内可以为城市居民提供休闲活动场所，在远期范围中，作为城市公共用地的公园又可以作为城市预留土地，为城市未来公共设施的建设提供一定的可能性。

3）带动地方、社会经济的发展

由于城市环境的恶化，城市公园作为城市的主要绿色空间，在带动社会经济发展中的作用越来越明显。城市公园的最显著的作用是能使其周边地区的地价和不动产升值，吸引投资，从而推动该区域的经济和社会的发展。这从报纸、电视、网络经常出现的房产广告以楼盘毗邻某公园作为提高身价的宣传便可见一斑。如上海"公园2000"的广告词便是"住在公园2000就像住在纽约中央公园、伦敦海德公园、巴黎凡尔赛花园"。另外，公园也使周边地区的工商业、旅游业、房产业等生产、服务性行业得到良好迅速的发展。如上海鲁迅公园在带动四川路的商业、旅游业；豫园在带动城隍庙旅游商业街的发展；人民广场、人民公园在带动南京路商业带的发展；中山公园带动中山公园商业中心区的开发；静安公园带动静安寺地区酒店服务业的发展；浦东世纪公园对花木地区行政、商业、房产业等多方面起积极的作用；和平公园和鲁迅公园等在带动周边地区房产业的发展中起到关键性的支撑。

4）促进城市旅游业的发展

随着科学技术的发展、经济的增长和人民物质文化生活水平的不断提高，旅游已日益成为现代社会中人们精神生活的重要组成部分。

当前城市公园已成为各大城市发展都市旅游业所需旅游资源的主要组成部分。从旅游意义上讲，城市公园具有如下特点：①从城市公园的发展历史来看，一些城市公园历史悠久，门类齐全，时空跨度大，既有传统的古典园林，又有具有殖民色彩的近代公园，同时还有独具中国特色的现代公园；②从园容、园景来看，城市公园为旅游者提供了游憩观赏的静态的人工模拟自然山水环境的文化境域；③从活动角度来看，城市公园为旅游者游览的参与性提供了一个动态的活动场所，这从近年来上海、北京、青岛、大连等城市的旅游节中，在公园内举行的各种诸如灯展、茶艺展示、焰火晚会、花展、风情展、音乐会等活动便能看出公园在旅游业发展中的地位。

3. 城市公园的环境功能

1）维持城市生态平衡

城市的生态平衡主要靠绿化来完成，二氧化碳的吸收、氧气的生成是植物光合作用的结果。城市公园一般具有大面积的绿化，在防止水土流失、净化空气、降低辐射、杀菌、滞尘、防尘、防噪声、调节小气候、降温、防风引风、缓解城市热岛效应等方面都具有良好的生态功能。城市公园作为城市的"绿肺"，在改善环境污染状况、有效地维持城市的生态平衡等方面具有重要的作用。

2）美化城市景观

城市公园是城市中最具自然特性的场所，往往具有水体和大量的绿化，是城市的绿色软质景观，它与城市的其他如道路、建筑等灰色硬质景观形成鲜明的对比，使城市景观得以软化，同时公园也是城市的主要景观所在。

城市公园在美化城市景观中具有举足轻重的地位，除以上的社会文化、经济、环境功能外，城市公园在阻隔性质相互冲突的土地使用、降低人口密度、节制过度城市化发展、有机地组织城市空间和人的行为、改善交通、保护文物古迹、减少城市犯罪、增进社会交往、化解人情淡漠、提高市民意识、促进城市的可持续发展等方面都具有不可忽视的功能和作用。

6.2.4　城市公园规划设计

城市公园为市民提供了户外活动的场所，一些室外文化活动、娱乐休闲活动、体育运动、游憩活动等都可以在这里进行，同时城市公园也为城市带来了大面积的集中绿地，在许多现代化城市中成为名副其实的"绿肺"——市民获得良好呼吸的场所。特别是在强调环境保护的今天，城市公园更是被看作维护城市生态平衡的强有力的工具。如此看来，某一特定公园不论其性质和内容如何，功能性强或弱，活动项目多或少，都不能忽视其作为城市公园所必需具备的基本角色。讲到这里，我们还是回过头来规规矩矩地从设计程序的角度审视一个城市公园的设计步骤。

1. 定位

如前所述，正因为每一个城市公园都存在着在城市中的基本角色问题，所以在开始设计时设计人员碰到的第一个问题就是角色定位问题。一个城市公园最终在整个城市环境中扮演什么角色，不仅与当地针对性的法规有关，也与设计师的理解创造有关。就像作文课一样，题目由老师指定，内容也有一定限制，但文章立意和布局谋篇则由学生自己完成，而文章好坏则直接由学生的理解力和创造性思维决定，因此文章才有高下之分。这样来看，设计师在着手设计之前，非常重要的一个工作就是厘清思路——一些设计以外的思考，作为设计工作的准备，这类似经济学里常讲的"看不见的手"，很多东西反映在设计结果中并非特别明显，但又是至关重要的。所以说，总体设计的起始阶段包含了一些决定性的工作，尽管它花费的时间可能不多，但却具有相当难度——很符合"万事开头难"的通俗逻辑。

如果你具备了以上这些想法，那么就可以真正介入公园设计了。假如还懵懵懂懂，不如放下书本，多去观察思考。当然，要是你甘愿做一个平庸的造园家的话，大可想都不想直接开始擦拭你的针管笔或键盘鼠标。

2. 立意

中国古人在谈到绘画和园林时常说"意在笔先"。一个流传广泛的例子就是关于一幅命题画"深山藏古寺"，有人在郁郁葱葱的茂林中点缀了一个小寺庙，有人含蓄地只画了古寺的一角，但最终是一幅画着小和尚担水的画征服了所有的人。由此可见，立意就是艺术作品的灵魂。

所谓立意，简单说就是指风景园林的总意图，是设计师想要表达的最基本的观点。立意可大可小，大到反映对整个社会的态度，小到对某一设计手法的阐释，以强烈的形态特点表达了设计师对技术的形象化理解。著名的纽约中央公园的设计和建设是一个在各方面都可以作为典型的例子。美国第一位近代园林学家唐宁（Andrew Jackson Dowing）在中央公园建造之前就讲过："公园属于人民。"时值移民大量进入美国之际，城市人口倍增，有识之士意识到美国将越来越城市化，不恰当地使用土地和劳动力将会造成一些危害，因此中央公园的规划者奥姆斯特德认为，城市公园应该成为社会改革的进步力量，利用城市公园提供给每个人平等享受的利益可以缓解底层市民受压抑的心理。

3. 构思

客观地说，能够具备非凡立意的城市公园并不多见，立意之后的构思却可以让设计师有充分的施展空间。构思其实是立意的具体化，它直接导致针对特定项目的设计原则的产生。

如前述纽约中央公园的主要构思原则便包括了如下几方面：

①规划要满足人们的需要。公园要为人们提供在周末、节假日所需要的优美环境，满足全社会各阶层人们的娱乐要求。

②规划要考虑自然美和环境效益。公园的规划应尽可能反映自然特性，各种活动和服务设施项目融合在自然环境中。

③规划必须反映管理的要求和交通的方便。中央公园内有各自独立的交通路线：车辆交通路、骑马跑道、步行道、穿越公园的城市公共交通道路。

④保护自然景观。有些情况下，自然景观需要加以恢复或进一步强调。

⑤除了在非常有限的范围内，尽可能避免使用规则形式。

⑥保留公园中心区的草坪和草地。

⑦选用当地的乔木和灌木，特别是用于公园边缘的稠密的栽植地带。

⑧大路和小路的规划应成流畅的弯曲线，所有的道路成循环系统。

⑨全园靠主要道路划分不同的区域。

我们可以清楚地看到其立意到设计构思的延续性，同样也可以看到设计构思对设计活动具有更直接的指导性。在设计构思阶段，设计师应对将要进行的设计工作有清晰的认识，在制定设计原则时必须充分考虑到可实施性的问题，同一立意往往可以通过不同的操作体现。

4. 布局

园林布局，即在园林选址、立意、构思的基础上，设计者在孕育园林作品过程中所进行的思维活动。主要包括选取、提炼题材；酝酿、确定主景、配景；功能分区；景点、游赏线分布；探索所采用的园林形式。立意和布局，其关系的实质就是园林的内容与形式。只有内容与形式高度统一，形式充分地表达内容，表达园林主题思想，才能达到园林创作的最高境界。

布局阶段的意义在于通过全面考虑、总体协调，使公园的各个组成部分之间得到合理的安排、综合平衡，使各部分之间构成有机的联系；妥善处理好公园与全市绿地系统之间、局部与整体之间的关系；满足环境保护、文化娱乐、休息游览、园林艺术等各方面的功能要求；合理安排近期与远期的关系，以便保证公园的建设工作按计划顺利进行。

一般来说，布局阶段的主要任务包括：出入口位置的确定；分区规划；地形的利用和改造；建筑、广场及园路布局；植物种植规划；制定建园程序及造价估算等。上述公园布局的主要任务并不是孤立进行的，而是相互之间总体协调，全面考虑，相互影响，多样统一。总体规划实践证明，有时由于公园出入口位置的改变，引起全园建筑、广场及园路布局的重新调整；或因地形设计的改变，导致植物栽植、道路系统的更换。整个布局的过程，其实就是公园功能分区、地形设计、植物种植规划、道路系统诸方面矛盾因素协调统一的全过程。而由于布局多种可能性的存在，以草图形式做方案是较为可取的方法。从这时开始，我们就真正接触到公园设计了。此时我们首先要考虑这些问题：

1) 公园出入口的确定

《公园设计规范》（GB 51192—2016）条文说明第 3.1.4 条指出"公园各个方向出入口的游人流量与附近公交车设站点位置、附近人口密度及城市道路性质等密切相关，所以公园出入口位置的确定需要综合考虑这些因素。"主要出入口前设置集散广场，是为了避免大量游人出入时影响城市道路交通，并确保游人安全。

公园总体布局的第一项工作就是合理确定其主要、次要出入口的位置。公园的出入口一般分主要入口、次要入口和专门入口三种。

主要入口位置的确定，取决于公园与城市环境的关系、园内功能分区的要求，以及地形的特点等，全面衡量综合确定。一般主要入口应与城市主要干道、游人主要来源方位以及公园用地的自然条件等诸因素协调后确定。选择合理的公园出入口位置，将使城市居民便捷地抵达公园。同时为了满足大量游人在短时间内集散的功能要求，公园内的文娱设施如剧院、展览馆、体育运动场等最好分布在主入口附近，或在上述设施附近设专用入口，以达到方便使用的目的。为了完善服务，方便管理，多选择公园较偏僻处，或公园管理处附近设置专用入口。另外，为方便游人，一般在公园四周不同方位选定不同出入口。

2) 分区规划

这是个老生常谈的话题。之所以提起分区规划，原因很简单，任何一个公园都是一个综合体，具有多种功能，面向各种不同使用者（即使是儿童公园，也要考虑监护人的使用需要）。这些各不相同的功能和人群需要各自适合的空间和设施，必然要求将公园划分成相应的几部分。分区规划体现着设计师的技巧，而绝不是机械地划分。如上所述，公园的分区规划的首要依据是功能差异，目的是满足不同年龄、不同爱好的游人的游憩和娱乐要求，合理、有机地组织游人在公园内开展各项游乐活动。按照公园规划中所要开展的活动项目的服务对象，即游人的不同年龄特征，儿童、老人、年轻人等各自游园的目的和要求，不同游人的兴趣、爱好、习惯等游园活动规律进行规划。同时，根据公园所在地的自然条件如地形、土壤状况、水体、原有植物、已存在并要保留的建筑物或历史古迹、文物情况，尽可能地"因地、因时、因物"而"制宜"，并结合各功能分区本身的特殊要求，以及各区之间的相互关系、公园与周围环境之间的关系来进行通盘考虑。公园内分区规划应当因地制宜，有分有合。公园设计中最常见的分区有：文化娱乐区、观赏游览区、安静休息区、儿童活动区、老人活动区、体育活动区、公园管理区等。

6.2.5　城市公园布局要点

在早期各国公园都只考虑作为文娱游息场所，当时并没有考虑到利用公园改善城市环境的作用。日本大正末年关东大地震同时引起大火灾，城市公园成为地震和火灾避难场所，意外地发挥了很大作用。于是有关专家认为"公园是一项保护居民生命财产的有效公共设施。"人们对公园的空间机能有了一个新的认识，公园建设因而得到很大促进。到了 20 世纪 30 年代，日本进入大城市时代，城市自然环境逐渐受到破坏，表现出种种恶果，另一方面当时英国空想社会主义者提出了"田园都市论"，人们对城市公园作为构成城市自然环境的重要因素的效果，才有了认识。之后日本为了保护城市自然环境、防治公害及灾害，增加居民文娱、游息、体育活动的需要，制订出了城市公园五年计划。从公园综合功能考虑，分为区公园、全市性公园和特殊公园（动、植物园）三类。无论从文娱休息、防治公害、防灾或保护自然环境哪个角度考虑，过去所提的服务半径还是适用的。日本有人认为，公园的功能虽然有很大的变化，但从历史发展来看，最早的文化休息功能还需先加考虑，公园设计应注意美观的问题，也不能加以否定。日本1971年年末全国公园面积约为25000公顷，五年后的1976年达到42000公顷，1985年达到104000公顷。公园仍按服务半径分区布置，然后用林荫道联系起来构成公园系统。对于区公园面积，前苏联提出有充分价值的文化休息公园面积不能少于7～8公顷。日本提出公园中植树面积应在5公顷以上，防止火灾延烧，才能发挥较大机能，这与7～8公顷符合，全市性公园面积就要更大。

6.3　城市住宅环境规划设计

6.3.1　居住区基本概念与用地构成

1. 居住区的分级

居住区有广义和特指两种含义。广义上的居住区泛指不同居住人口规模的居住生活聚居地。依据国家标准《城市居住区规划设计标准》（GB 50180—2018），居住区按照居民在合理的步行距离内满足基本生活需求的原则，可分为十五分钟生活圈居住区、十分钟生活圈居住区、五分钟生活圈居住区和居住街坊四级，其分级控制规模应符合表6-1的规定。

表6-1　居住区分级控制规模

距离与规模	十五分钟生活圈居住区	十分钟生活圈居住区	五分钟生活圈居住区	居住街坊
步行距离（米）	800～1000	500	300	—
居住人口（人）	50000～100000	15000～25000	5000～12000	1000～3000
住宅数量（套）	17000～32000	5000～8000	1500～4000	300～1000

2. 居住区用地构成

（1）各级生活圈居住用地应合理配置、适度开发，其控制指标应符合下列规定：

①十五分钟生活圈居住区用地控制指标应符合表6-2的规定；

②十分钟生活圈居住区用地控制指标应符合表6-3的规定；

③五分钟生活圈居住区用地控制指标应符合表6-4的规定。

表6-2　十五分钟生活圈居住区用地控制指标

建筑气候区划	住宅建筑平均层数类别	人均居住区用地面积（m²/人）	居住区用地容积率	居住区用地构成（%）				
				住宅用地	配套设施用地	公共绿地	城市道路用地	合计
Ⅰ、Ⅶ	多层Ⅰ类（4层～6层）	40～54	0.8～1.0	58～61	12～16	7～11	15～20	100
Ⅱ、Ⅵ		38～51	0.8～1.0					
Ⅲ、Ⅳ、Ⅴ		37～48	0.9～1.1					

续表

建筑气候区划	住宅建筑平均层数类别	人均居住区用地面积（m²/人）	居住区用地容积率	居住区用地构成（%）				
				住宅用地	配套设施用地	公共绿地	城市道路用地	合计
Ⅰ、Ⅶ	多层Ⅱ类（7层~9层）	35~42	1.0~1.1	52~58	13~20	9~13	15~20	100
Ⅱ、Ⅵ		33~41	1.0~1.2					
Ⅲ、Ⅳ、Ⅴ		31~39	1.1~1.3					
Ⅰ、Ⅶ	高层Ⅰ类（10层~18层）	28~38	1.1~1.4	48~52	16~23	11~16	15~20	100
Ⅱ、Ⅵ		27~36	1.2~1.4					
Ⅲ、Ⅳ、Ⅴ		26~34	1.2~1.5					

注：居住区用地容积率是生活圈内，住宅建筑及其配套设施地上建筑面积之和与居住区用地总面积的比值。

表6-3 十分钟生活圈居住区用地控制指标

建筑气候区划	住宅建筑平均层数类别	人均居住区用地面积（m²/人）	居住区用地容积率	居住区用地构成（%）				
				住宅用地	配套设施用地	公共绿地	城市道路用地	合计
Ⅰ、Ⅶ	低层（1层~3层）	49~51	0.8~0.9	71~73	5~8	4~5	15~20	100
Ⅱ、Ⅵ		45~51	0.8~0.9					
Ⅲ、Ⅳ、Ⅴ		42~51	0.8~0.9					
Ⅰ、Ⅶ	多层Ⅰ类（4层~6层）	35~47	0.8~1.1	68~70	8~9	4~6	15~20	100
Ⅱ、Ⅵ		33~44	0.9~1.1					
Ⅲ、Ⅳ、Ⅴ		32~41	0.9~1.2					
Ⅰ、Ⅶ	多层Ⅱ类（7层~9层）	30~35	1.1~1.2	64~67	9~12	6~8	15~20	100
Ⅱ、Ⅵ		28~33	1.2~1.3					
Ⅲ、Ⅳ、Ⅴ		26~32	1.2~1.4					
Ⅰ、Ⅶ	高层Ⅰ类（10层~18层）	23~31	1.2~1.6	60~64	12~14	7~10	15~20	100
Ⅱ、Ⅵ		22~28	1.3~1.7					
Ⅲ、Ⅳ、Ⅴ		21~27	1.4~1.8					

注：居住区用地容积率是生活圈内，住宅建筑及其配套设施地上建筑面积之和与居住区用地总面积的比值。

表6-4 五分钟生活圈居住区用地控制指标

建筑气候区划	住宅建筑平均层数类别	人均居住区用地面积（m²/人）	居住区用地容积率	居住区用地构成（%）				
				住宅用地	配套设施用地	公共绿地	城市道路用地	合计
Ⅰ、Ⅶ	低层（1层~3层）	46~47	0.7~0.8	76~77	3~4	2~3	15~20	100
Ⅱ、Ⅵ		43~47	0.8~0.9					
Ⅲ、Ⅳ、Ⅴ		39~47	0.8~0.9					

续表

建筑气候区划	住宅建筑平均层数类别	人均居住区用地面积（m²/人）	居住区用地容积率	居住区用地构成（%）				
				住宅用地	配套设施用地	公共绿地	城市道路用地	合计
Ⅰ、Ⅶ	多层Ⅰ类（4层～6层）	32～43	0.8～1.1	74～76	4～5	2～3	15～20	100
Ⅱ、Ⅵ		31～40	0.9～1.2					
Ⅲ、Ⅳ、Ⅴ		29～37	1.0～1.2					
Ⅰ、Ⅶ	多层Ⅱ类（7层～9层）	28～31	1.2～1.3	72～74	5～6	3～4	15～20	100
Ⅱ、Ⅵ		25～29	1.2～1.4					
Ⅲ、Ⅳ、Ⅴ		23～28	1.3～1.6					
Ⅰ、Ⅶ	高层Ⅰ类（10层～18层）	20～27	1.4～1.8	69～72	6～8	4～5	15～20	100
Ⅱ、Ⅵ		19～25	1.5～1.9					
Ⅲ、Ⅳ、Ⅴ		18～23	1.6～2.0					

注：居住区用地容积率是生活圈内，住宅建筑及其配套设施地上建筑面积之和与居住区用地总面积的比值。

（2）居住街坊用地与建筑控制指标应符合表 6-5 的规定。

表 6-5　居住街坊用地与建筑控制指标

建筑气候区划	住宅建筑平均层数类别	住宅用地容积率	建筑密度最大值（%）	绿地率最小值（%）	住宅建筑高度控制最大值（%）	人均住宅用地面积最大值（m²/人）
Ⅰ、Ⅶ	低层（1层～3层）	1.0	35	30	18	36
	多层Ⅰ类（4层～6层）	1.1～1.4	28	30	27	32
	多层Ⅱ类（7层～9层）	1.5～1.7	25	30	36	22
	高层Ⅰ类（10层～18层）	1.8～2.4	20	35	54	19
	高层Ⅱ类（19层～26层）	2.5～2.8	20	35	80	13
Ⅱ、Ⅵ	低层（1层～3层）	1.0～1.1	40	28	18	36
	多层Ⅰ类（4层～6层）	1.2～1.5	30	30	27	30
	多层Ⅱ类（7层～9层）	1.6～1.9	28	30	36	21
	高层Ⅰ类（10层～18层）	2.0～2.6	20	35	54	17
	高层Ⅱ类（19层～26层）	2.7～2.9	20	35	80	13

建筑气候区划	住宅建筑平均层数类别	住宅用地容积率	建筑密度最大值（%）	绿地率最小值（%）	住宅建筑高度控制最大值（%）	人均住宅用地面积最大值（m²/人）
Ⅲ、Ⅳ、Ⅴ	低层（1层~3层）	1.0~1.2	43	25	18	36
	多层Ⅰ类（4层~6层）	1.3~1.6	32	30	27	27
	多层Ⅱ类（7层~9层）	1.7~2.1	30	30	36	20
	高层Ⅰ类（10层~18层）	2.2~2.8	22	35	54	16
	高层Ⅱ类（19层~26层）	2.9~3.1	22	35	80	12

注：1 住宅用地容积率是居住街坊内，住宅建筑及其便民服务设施地上建筑面积之和与住宅用地总面积的比值；

2 建筑密度是居住街坊内，住宅建筑及其便民服务设施建筑基底面积与该居住街坊用地面积的比率（%）；

3 绿地率是居住街坊内绿地面积之和与该居住街坊用地面积的比率（%）。

（3）当住宅建筑采用低层或多层高密度布局形式时，居住街坊用地与建筑控制指标应符合表6-6的规定。

表6-6 低层或多层高密度居住街坊用地与建筑控制指标

建筑气候区划	住宅建筑平均层数类别	住宅用地容积率	建筑密度最大值（%）	绿地率最小值（%）	住宅建筑高度控制最大值（%）	人均住宅用地面积最大值（m²/人）
Ⅰ、Ⅶ	低层（1层~3层）	1.0~1.1	42	25	11	32~36
	多层Ⅰ类（4层~6层）	1.4~1.5	32	28	20	24~26
Ⅱ、Ⅵ	低层（1层~3层）	1.1~1.2	47	23	11	30~32
	多层Ⅰ类（4层~6层）	1.5~1.7	38	28	20	21~24
Ⅲ、Ⅳ、Ⅴ	低层（1层~3层）	1.2~1.3	50	20	11	27~30
	多层Ⅰ类（4层~6层）	1.6~1.8	42	25	20	20~22

注：1 住宅用地容积率是居住街坊内，住宅建筑及其便民服务设施地上建筑面积之和与住宅用地总面积的比值；

2 建筑密度是居住街坊内，住宅建筑及其便民服务设施建筑基底面积与该居住街坊用地面积的比率（%）；

3 绿地率是居住街坊内绿地面积之和与该居住街坊用地面积的比率（%）。

（4）新建各级生活圈居住区应配套规划建设公共绿地，并应集中设置具有一定规模，且能开展休闲、体育活动的居住区公园；公共绿地控制指标应符合表6-7的规定。

表 6-7　公共绿地控制指标

类别	人均公共绿地面积	居住区公园		备注
		最小规模（hm²）	最小宽度（m）	
十五分钟生活圈居住区	2.0	5.0	80	不含十分钟生活圈及以下级居住区的公共绿地指标
十分钟生活圈居住区	1.0	1.0	50	不含五分钟生活圈及以下级居住区的公共绿地指标
五分钟生活圈居住区	1.0	0.4	30	不含居住街坊的绿地指标

注：居住区公园中应设置 10%～15% 的体育活动场地。

（5）当旧区改建确实无法满足表 6-7 的规定时，可采取多点分布以及立体绿化等方式改善居住环境，但人均公共绿地面积不应低于相应控制指标的 70%。

（6）居住街坊内集中绿地的规划建设，应符合下列规定：

①新区建设不应低于 0.50 平方米/人，旧区改建不应低于 0.35 平方米/人；

②宽度不应小于 8 米；

③在标准的建筑日照阴影线范围之外的绿地面积不应少于 1/3，其中应设置老年人、儿童活动场地。

6.3.2　居住区环境景观布局

1. 基本功能分区

1）安静游憩区

安静游憩区作为游览观赏休息、陈列用地，要求游人密度较小，故需较大片的风景绿地，在园中占的面积较大，是园内重要部分。安静活动设施应与喧闹活动区隔离，宜选择地形富于变化且环境最优的部位。区内宜设置休息场地、散步小径、桌凳、廊亭、台、榭、老人活动室、展览室以及各种园林种植，如草坪、花架、花坛、树木等。

2）文化娱乐区

文化娱乐区是人流集中热闹的动区，其设施可有俱乐部、陈列室、电影院、表演场地、溜冰场、游戏场、科技活动等可和居住区的文体公建结合起来设置。这是园内建筑和场地较集中的地方，也是全园的重点，常位于园内中心部位。布置时要注意排除区内各项活动之间的干扰，可利用绿化、土石等加以隔离。此外，视人流集散情况妥善组织交通，如运用平地、广场或可利用的自然地形，组织与缓解人流。建筑用地应注意地质条件利于基础工程；自然地形如水域山坡要加以利用，节省填挖土方。

3）儿童活动区

在居住区少年儿童人数的比重较大，不同年龄的少年儿童，如学龄前和学龄儿童要分开活动；各种设施都要考虑少年儿童的尺度，可设置儿童游戏场、戏水池、障碍游戏、运动场、少年之家科技活动园地等各种小品，要适合少年儿童的兴趣，寓教育于娱乐，增长知识，丰富想象。植物品种颜色鲜艳，注意不要选择有毒、有刺、有臭味的植物。考虑到成人的休息和照看儿童的需要，区内道路布置要简洁、明确、易识别，主要路面能通行童车。

4）服务管理设施

服务管理设施有小卖部、租借处、休息亭以及废物箱、厕所等。园内主要道路及通往主要活动设施的道路宜作无障碍设计，照顾残疾人和老年人等行动不便的特殊人群。

2. 绿地基本布置形式

绿地布置形式较多，一般可概括为三种基本形式，即规则式、自由式以及规则与自由结合的混合式等（图6-1）。

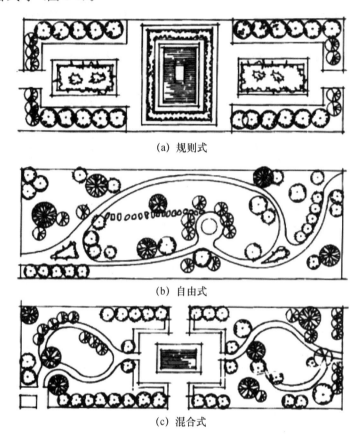

(a) 规则式

(b) 自由式

(c) 混合式

图6-1　绿地基本布置形式

1）规则式

此种布置形式较规则严整，多以轴线组织景物，布局对称均衡，园路多用直线或几何规则线型，各构成因素均取规则几何型和图案型。如树丛绿篱修剪整齐，水池、花坛均用几何型，花坛内种植也常用几何图案，重点大型花坛布置成毛毯型富丽图案，在道路交叉点或构图中心布置雕塑、喷泉、叠水等观赏性较强的点缀小品。这种规则式布局适用于平地。

2）自由式

此种布置形式以效仿自然景观常见，各种构成因素多采用曲折自然形式，不求对称规整，但求自然生动。这种自由式布局适用于地形变化较大的用地，在山丘、溪流、池沼之上配以树木草坪，种植有疏有密，空间有开有合，道路曲折自然，亭台、廊桥、池湖作间或点缀，多设于人们游兴正浓或余兴小休之处，与人们的心理相感应。自由式布局还可运用我国传统造园手法取得较好的艺术效果。

3）混合式

混合式是规则式与自由式相结合的形式，联合运用规则式和自由式布局手法，既能与四周环境相协调，又能在整体上产生韵律和节奏，对地形和位置能够灵活运用。

6.3.3 居住区绿地规划设计

居住区绿地规划设计时，首先要考虑的是如何满足不同居民对空间的不同要求，除了对空间的功能性需求之外，人们对空间文化性和地域性特色的要求也越来越高，这就要求我们在绿地规划设计中要融功能、意境和艺术于一体。

1）以人为本，适应居民的生活

居住区绿地最贴近居民生活，因此在设计时必须以人为本，更多地考虑居民的日常行为和需求，使居住区的绿化空间设计由单纯的绿化及设施配置，向营造能够全面满足人的各层次需求的生活环境转变。

2）方便安全，满足基本需求

居住区公共绿地，无论集中或分散设置，都必须选址于居民经常经过并能顺利到达的地方。要考虑居民对绿化空间的安全性要求，特别是在公共场所，要创造有安全、防卫感的环境，以促进居民开展室外活动和社会参与。

3）生态优先，营造四季景色

依托生态优先理念，以植物学、景观生态学、人居学、社会学、美学等为基础，遵循生态原则，使人与自然界的植物、环境因子组成有机整体，体现生物多样性，实现人与自然的和谐统一。

4）系统组织，注重整体效果

居住区绿地的规划设计应该为居民提供一个能满足生活和休憩多方面需求的复合型空间，多层次、多功能、序列完整地布局，形成一个具有整体性的系统，为居民创造幽静、优美的生活环境。

5）形式功能，注意和谐统一

具有实际功用的绿化空间才会具有明确的吸引力，绿地规划应提供游戏、晨练、休息与交往等多功能场所。既要注意绿化空间的观赏效果，又要发挥绿化空间的各种功能作用，达到绿化景观空间形式与功能的和谐统一。

6）经济可行，重视实际功能

本着经济可行性的原则，注重绿化空间的实用性。用最少的投入，最简单的维护，达到设计与当地风土人情及文化氛围相融合的境界。尽量降低绿地修建和维护费用，最大限度地发挥绿地系统的实用功能。

7）尊重历史，把握建设时机

自然遗迹、古树名木是历史的象征，是文化气息的体现。居住区规划设计中应尽量尊重历史，保护和利用历史性景观，特别是对景观特征元素的保护。有些景观建设应提早考虑而不是把它们放在开发的后期。

6.3.4　居住区环境设施及小品

小品即相对于主体建筑的各种体量较小而造型活泼的小型建筑及构筑物。它有一定的功能性，又有强烈的装饰效果。在居住区绿化设计中运用得体，会使居民生活更为方便、舒适，且更具欣赏性。用少量的投资和各种切实可行的材料，经过精心设计制作，就能取得极好的效果。

1. 环境设施及小品的设计和使用原则

1）要与整体环境协调统一

小品的设计和布置一定要与整体环境协调统一，在统一中求变化。例如散点山石的布置，南太湖石及北太湖石的摆放本是中国传统园林中成功的用法，如果用在老北京民居形式的小区内就显得十分秀丽、古色古香，但是如果用在现代化气息很强的居住区内，就会显得不够协调，特别是分散在草坪上的散点石，就不如选择北方天然的、比较浑厚、没有许多孔洞和棱角的石块。如果设计标准较高的欧式花园别墅，更可以把花岗岩石抛光使用，这样可以使时代感更强烈。

2）色彩适宜

从色彩上说，小品也应与环境相适应，不应喧宾夺主，不能与环境对比过于强烈。例如有的地方在绿色树丛、草坪上安装的金属花架、铁栏杆等，油漆的颜色选用鲜红色、鲜黄色及天蓝色等，使人产生对比强、十分烦恼的感觉。这就不如用绿色及白色使人感觉更加轻松舒适了。再就是比例和尺度关系问题。我们常常发现一些设计水平较低的做法，大大降低了小品的艺术形象。例如，中国古典式亭，各种方亭、圆亭、扇面亭等，一是南北方的传统比例有差别；二是由于设计施工人员缺乏中国古典园林知识，结果比例失调，建造出的亭子看起来很不舒服，没有美感。

3）注重功能性

小区中的小品要注重在装饰美和美化环境的前提下的使用功能性。例如垃圾筒既要美观大方，又要位置摆放适当，还要抛放口大，有一定容量，也要便于清理。之前的一些狮子、青蛙之类形状的垃圾筒，"口小"，"肚子"也小，人们很难投放垃圾，结果大量垃圾堵塞投入口，或是散落满地，影响了环境。近年来新型不锈钢制品开始出现，造型美观，容量大，投放方便，受到人们的欢迎。

居住小区楼号位置布置图是十分必要的。不仅应该造型美观，更应画清楚，使一般人能看明白，找得到要去的位置。因此，应标注清楚、立体感强、方位准确、摆放位置明显。有的居住区没有位置图标，有的图像不清楚，使人费解，等于虚设，失去了它的功能。

4）舒适安全性

居住小区里的坐凳、座椅、儿童游戏器械都应该在舒适和安全的前提下，充分考虑美观新颖。过去由于我国经济实力比较薄弱，居住小区里的座椅、儿童运动器械制作比较简陋，只从坚固方面考虑得比较多，对它们的舒适性、安全性考虑得较少。例如座椅、坐凳多为石质或水泥制品，坐起来不够舒适，冬季冰冷，炎夏坐在上面热呼呼；又如青少年玩耍用的双杠、跷跷板、转椅、攀登架、滑梯等多为铁制品，虽然坚固耐用，却不舒适，更容易碰伤身体。现在小区设施上的投资力度有所加强，座椅、坐凳多选择一些经过防潮、防腐处理过的木质材料或玻璃钢材料，对铁制品儿童游戏器械也应更换。另外，各种活动器械下面的地面铺装应选用橡胶材料制成，可以避免由于游戏、运动不慎，跌落下来时摔碰受伤。幼儿游戏用的沙坑中的河沙应定期更换，保持疏松清洁，沙坑的边缘不要采用混凝土、砖及其他硬质材料，采用木质或硬质橡胶材料更为安全。

2. 环境设施及小品的类型

1）座椅和坐凳

随着国家经济的不断发展，园林绿地中的各种设施也不断地更新换代，出现了许多形式新颖、安全舒适的座椅和坐凳。

2）园灯和草坪灯

园灯和草坪灯既有夜间照明的功能，也有美化点缀环境的作用，近年来增加了许多造型新颖美观的灯具。灯具的选用应与绿地环境的风格特色相协调，做到风格一致。

3）花架（棚架）

花架（棚架）是小区绿地中常见的休息设施，可根据环境特点灵活设计，做到既美观又实用。材料可以是水泥的、钢架的及木制的。水泥和钢材坚固耐久，但给人以生硬感，并且在夏季高温季节，表面温度过高，容易灼伤植物。

6.3.5　居住区环境景观规划设计内容

1. 以人为本

居住区景观规划设计的服务对象是居民，渗透到居民日常生活的点点滴滴中，所以居住区景观规划设计必须以人为本，强调整个景观的居民参与性，这也是促进和谐社会发展的一个方面。通过环境创造，邻里空间的合理设计、设置，吸引居民参与公共活动，增强居民参与意识，加强人际交往，使整个居住区有利于人际关系的改善。现代社会形态中，因为工作繁忙和市场竞争人际关系变得微妙和紧张，居住区是居民的家，居住区景观应成为所住居民的公共客厅，居民可在这里交流、会客、释放压力，居住区景观规划设计时应提供这样的空间。融洽的邻里关系，才能让业主有长期居住下去的理由。

2. 资源的再生循环

"城市垃圾成为城市的负担"这一问题已被普遍重视，所以居住区的景观规划设计也应在这一方面提出改善的建议，提高物质、能量的利用率，改变居住区环境输入食物、水、能源而输出废水、废气等废物的单向消费方式。可以利用垃圾分类的方式，将有机垃圾用作植物肥料；将铝、塑料制品再生制作儿童活动设施；利用雨水系统收集雨水进行灌溉，减少水资源的浪费；或组织好有利于通风的景观布局，营造居住区良好的小气候，也是可持续发展的一方面。在景观设计时应主动考虑到居民的各种需求，而不是让居民被动地来适应环境，这样才能使居住区景观资源共享，邻里共生的舒适、和谐。

3. 居住区景观是面向大众群体的

中国古典园林造园艺术登峰造极，但中国古典园林无论是北方皇家园林还是江南私家园林都是为少数人享受而造的，符合园林主人的个人情趣爱好。而面向大众、面向居住区所有男女老幼，是居住区景观的最大特点。现代居住区景观意味着要考虑到不同年龄阶段、不同文化背景的许多人的需要，由此也引发了风景园林上的变革，比如：居住区要提供居民丰富充足的户外活动场地，在这些场地中要考虑到：

①动静相宜。比如：老人所需要的户外棋牌、喝茶的处所，晨练人群所需的舞蹈、操练场所，幼儿的嬉戏场所。

②闭合并重。以上所说到的棋牌、茶室间需要的是一种相对较私密的半开敞空间，而晨练的集中小广场则是开放性的，是业主交流的空间，这些都是在规划中应考虑到的。

4. 居住区的静态特征

居住区景观环境最基本的氛围是"静"，其设计也必须围绕宁静展开，景观小品的形象以及景观空间的布局都不能破坏居住区的宁静气氛。人们除了工作时间外，大部分时间都会在居住区中度过，而城市趋于繁华喧嚣，所以居住区应让人感受到与外界不同的宁静、自然亲近、宜人。居住区的景观质量直接影响着居民的生理、心理及精神生活，所以"以人为本"是其设计的最佳准则。这是面向生活、面向家庭社区的设计，没有人希望自己居住的地方成天敲锣打鼓、响声震天，所谓的"家园"是一种祥和的氛围。那么怎么营造"静"呢？这也是居住区景观设计的开始，即景观设计当中所要考虑清楚的。"静"是我们要达到的一个目标，而设计手法却可以多种多样，在居住区中的静态空间布局中曲径通幽是静，鸟语花香、流水潺潺也是静。但值得注意的是，居住区应当没有人为的噪声，这就涉及隔声的问题。而居住区需要多种配套设施，难免制造噪声，如变电箱，这就需要在景观中对声音进行适当阻隔，可以围绕变电箱种上灌木丛，或将其隔离在隐蔽处以达到降低噪声的目的等。再比如娱乐设施中的各类球场，是居民聚集并且嘈杂的场地，这类场地就不宜靠近居民楼宇设计，宜置于开阔的中心广场，围绕大、小乔木设置或另辟运动场所，如会所等，不能影响居民的休息。而流水、鸟鸣是衬托宁静的一种方法，所以在最后的设计中应多考虑这方面的内容，不要让居民区缺失这些自然的声音，创造安静的居住区环境非常需要这些自然之声。

6.4　城市滨水规划设计

6.4.1　城市滨水概述

城市滨水区是城市中水域与陆域相连的一定区域的总称，是城市中与河流、湖泊、海洋比邻的土地或建筑，一般由水域、水际线、陆域三部分组成。滨水区属于城市中介空间，具有多重功能，既将城市水体与陆地有机联系起来，又缓冲了城市宏观与微观环境。滨水景观复杂多样，既包括滨水区地形地貌等自然环境因素，如水陆交界处，或者平直或内凹、或外凸的水岸线，以及在水流冲刷作用下形成的岛、矶、渚、洲等各种地貌；又包括在历史作用下，滨水区域遗留的丰富历史文化景观以及各种人工因素。

城市滨水区是构成城市公共开放空间的重要部分，并且是城市公共开放空间中兼具自然地景和人工景观的区域，其对于城市的意义尤为独特和重要。营造城市滨水景观，既要充分利用自然资源，把人工建造的环境和当地的自然环境融为一体，增强人与自然的可达性和亲密性，形成一个科学、合理健康的城市格局；又要使滨水景观具有场所的公共性、功能的多样性、水体的可接近性、植物的丰富性、滨水景观的生态性等，发挥滨水景观在城市的地标性及多维生态体系功能。

6.4.2 城市滨水景观的类型

1. 自然滨水景观类型

自然滨水景观是指在地壳构造运动过程中形成的不同地形地貌条件下的水域、陆域及水际线的物化关系，其中没有人工因素的介入和影响，有极强的自然性、纯粹性，它们对于地球的生态环境及其一切生物的生存状态起着决定性的作用。

1）海洋景观

海洋景观可谓是滨水景观类型中最为壮观、美丽和变化无穷的。海和洋之间是存在差别的，洋是海洋的中心部分，是海洋的主体。世界上大洋的总面积约占海洋面积的89%。大洋的水深一般在 3000 米以上，最深处可达 1 万多米。大洋离陆地遥远，基本不受陆地的影响，在我们的滨水景观规划设计中几乎很少涉及这个领域。

2）湖泊景观

湖泊是由陆地上洼地积水形成的，水域比较宽广，水的运动变化比较平缓。在地壳构造运动、冰川作用、河流冲淤等地质现象的作用下，地表形成了许多凹地，最终积水成湖。湖泊作为旅游资源，正日益受到人们的重视。湖泊资源的不合理开发会造成渔业资源衰减、湖泊面积缩小和湖泊周围土地的沼泽化等不良后果。

3）河流景观

河流景观几乎可以占据滨水景观的首要位置，它是陆域和海域联系的唯一生命纽带。河流景观因其流域地形结构、气候条件、流域面积、流域长度等的千差万别，显示出丰富多姿的景观风貌，变化万千，让人着迷。世界各地的大小河流自古以来就是人类生息繁衍的主要场所，被看作是生命的源泉，也是人类文明的摇篮。尼罗河、黄河、幼发拉底河、恒河等大河，曾经孕育了灿烂的古代文明，产生了古埃及、中国、古巴比伦和古印度等文明古国。

2. 人文滨水景观类型

人文滨水景观规则是在自然环境作为景观存在基础的前提下，注入科技和艺术等多重人文要素，根据不同功能需求，经过规划设计而成的既满足使用需要又强调审美的多类型物态。

1）港口码头滨水景观

港口码头位于海岸、海湾或潟湖内，也有离开海岸建在深水海面上的（图 6-2）。位于开敞海面岸边或天然掩护不足的海湾内的港口，通常需要修建相当大规模的防波堤，如中国的大连港、青岛港、基隆港和意大利的热那亚港等。供巨型油轮或矿石船靠泊的单点或多点系泊码头和岛式码头属于无掩护的外海海港，如利比亚的卜拉加港、黎巴嫩的西顿港等。被天然沙嘴完全或部分隔开，开挖运河或拓宽、拓深航道后，可以在海湖岸边建港，如广西北海港。也有完全依靠天然掩护的大型海港，如日本东京港、澳大利亚悉尼港等。

2）城市河道滨水景观

河流是构成富有特色的城市景观的重要因素，世界上不少历史名城，如巴黎、伦敦、罗马等都有美丽的河流穿过城区（图 6-3）。对河流景观的理解不能仅停留在"风景如画"上，还应该从更深、更广的层面去把握，特别是从景观生态的角度去分析，其中的关键是要重视河流景观巨大的生态功能和娱乐价值。

图 6-2　城市港口景观

图 6-3　城市滨水景观

3）城市公共空间滨水景观

城市公共空间滨水景观包括城市广场滨水景观、城市公园滨水景观、居住区滨水景观等。公共空间滨水景观的规模和体量都相对小于滨海、滨河景观，但它是最为细腻和覆盖面很广的城市滨水景观。其他还有度假旅游区滨水景观、城市湿地景观等。

6.4.3　城市滨水区规划设计要点

1. 滨水景观的形态规划设计

滨水景观的构成与形状由水的存在形式、造景手法和表达方式构成。它的存在形式主要是喷泉、瀑布、水池、河流、湖泊等，这都是人们喜欢接受也是运用较为普遍的几种形式。水无固定形态，水的形态是由一定容器或限定性形态所形成，不同的水造型取决于容器的大小、形状、高度差和材质结构的变化，有的水是涓涓细流，有的水激流奔腾、一泻千里。

根据这一特性，我们将水景观分为静水景观和动水景观两大类。静的水，给人以宁静、安详和柔和的感受；动的水，给人以激动、兴奋和欢愉的感受。水的无固定形状特性和静态与动态的共存性，给设计师带来了无穷的灵感，也给我们留下了许多出色的设计作品。

1）驳岸（池岸）滨水规划设计

驳岸是亲水景观中应重点处理的部位。驳岸与水线形成的连续景观线是否能与环境相协调，不但取决于驳岸与水面间的高差关系，还取决于驳岸的类型及用材的选择。对居住区中的滨水驳岸，无论规模大小，无论是规则几何式驳岸还是不规则驳岸，驳岸的高度、水的深浅设计都应满足人们的亲水性要求，驳岸的高度应尽可能贴近水面，以人手能触摸到水为最佳。亲水环境中的其他设施如水上平台、汀步、栈桥、栏索等，也应以人与水体的尺度关系为基准进行设计。在居住区中，驳岸的形式可以分为规则式和不规则式两类。规则式驳岸一般可处理成人们坐着的平台，它的高度应该以人坐姿的舒适为标谁，池面距离水面不宜太高，应以人手能触摸到水面为宜。这种规则式驳岸在结构设计上比较严谨，限制了人和水面的接近关系，在一般的情况下，人们是不会跳入水池中去嬉水的；相反，不规则的驳岸与人比较接近，高低随地形的高低起伏而变化，不受人为的限制，形式也比较自由、自然。岸边的石头可以供人们坐着休息，树木可以供人们纳凉，人和水完全融合在一起。这时的驳岸只有阻隔水的作用，却不能阻隔人和水的亲近，反而缩短了人和水的距离，有利于满足人的亲水性需求。

2）水岸绿地规划设计

水岸植物是恢复和完善滨水绿地生态功能的主要手段。设计时应以绿地的生态效益作为主要目标，在传统植物造景的基础上，除了应注重植物观赏性方面的要求，还要结合地形，模拟水系自然形成的过程中所形成的典型地貌特征（如河口、滩涂、湿地等），创造滨水植物适生的地形环境，以恢复城市滨水区域的生态品质为目标，综合考虑绿地植物群落的结构。另外，应在滨水生态敏感区引入天然植被要素，比如在合适地区建设滨水生态保护区以及建立多种野生生物栖息地等，建立完整的滨水绿色生态廊道。

绿化植物要根据景观生态等多方面的要求，在适地适树的基础上，注重增加植物群落的多样性。利用不同地段自然条件的差异，种植各具特色的植物。常用的临水、耐水植物包括垂柳、水杉、芦苇、喜蒲、香蒲、荷花、菱角、池杉、云南黄馨、连翘、水葱、菱白、睡莲、千屈菜、萍蓬草等。

水岸绿地应尽量采用自然化设计，模仿自然生态群落的结构。具体要求主要有两点：一是植物的搭配，即地被、花草、低矮灌木与高大乔木的层次和组合应尽量符合水滨自然植被群落的结构特征；二是在水滨生态敏感区引入天然植被要素，比如在合适地区植树造林，恢复自然林地。这类水景设计必须服从原有自然生态景观，要处理好自然线与局部环境水体的空间关系，正确利用借景、对景等手法，充分发挥自然条件，纵向景观、横向景观和鸟瞰景现应能融合居住区内部和外部的景观元素，创造出新的亲水居住形态。

3）静态滨水规划设计

所谓静水是指水的运动变化比较平缓。静水一般处在地平面比较平缓，无大的高低落差变化的地方，如湖面、池面等。静水可以产生镜像效果，产生丰富的倒影变化，一般适合做较小的水面处理。如果做大面积的静水，切忌空而无物，松散而无神，大面积静水形式应曲折、丰富。在日本风景园林中，处理较小水面时常常采用具象的形状，如心形池、云形池、葫芦形池等。静水具有良好的倒影效果，水面上的物体由于倒影的作用，易使人产生轻盈、浮游和幻象的视觉感受。

4）动态滨水规划设计

（1）流水。中国古代有"曲水流觞"的习俗，后人效仿者较多。如乾隆在四明园中仿建的兰亭，把入水口缩小后修在亭内地面上，建成石刻的弯弯曲曲的流水槽，将溪水或泉水引入，从石槽中流过，人们在此饮酒作赋，名曰"流杯亭"。今天仿古人修建的此类景点很多，如北京香山饭店的"流杯亭"等。

（2）落水。落水景观设计的主要形式有瀑布和跌水两大类。瀑布是一种自然景观，是河床陡峭造成的，水从陡峭处流落下跌，形成恢弘的瀑布景观。瀑布景观可分为面型和线型。面型瀑布是指瀑布宽度大于瀑布的落差，线型瀑布是指瀑布宽度小于瀑布的落差。瀑布景观的形式有泪落、线落、布落、离落、丝落、段落、披落、二层落、对落、片落、重落、分落、帘落、滑落、乱落等。跌水景观是指有台阶落差结构的落水景观，如美国新墨西哥州阿尔克基市中心广场的大跌水，日本杨县美术馆的重叠式跌水等。

（3）喷水。喷水是城市环境景现中运用最为广泛的人文景观。人工建造的具有装饰性的喷水装置，可以湿润周围空气，减少尘埃，提高环境质量；喷出的细小水珠同空气分子撞击，能产生负氧离子，有益于人的身体健康；水的不同运动撞击和流动形成的不同声响，也可以让人心情愉悦。今天人们更重视环保，水景设计应用比较普遍是必然的发展趋势。

6.4.4　案例研究

1. 上海船厂地区滨水公共活动空间设计

继浦东开发开放之后的一项世纪性工程——黄浦江两岸综合开发工程已经启动，世人为之瞩目。这条投入上千亿元资金的"国际级水景岸线"将成为一幅壮丽画卷。黄浦江两岸综合开发的启动，标志着黄浦江及其两岸的功能已从原来的以交通运输、仓储码头、工厂企业为主，转换成以金融贸易、旅游文化、生态居住为主，实现由生产型到综合服务型的转换。黄浦江两岸综合开发的目标之一，就是要建设成一条"国际水景岸线"，它不仅具有经济功能，更能体现上海的文化品位、文化功能和文化地位。实施黄浦江两岸综合开发后，人们将从这道风景线上看到上海都市文化的底蕴，看到上海未来发展的蓝图，提升上海城市的文化层次。

1）项目概况

上海船厂基地面积 43.77 平方千米，船厂前身为招商局造船厂和英联船厂，1862年建厂。现今的上海船厂基本成形于 1954 年，现有建筑面积约 30 万平方米，船台位于基地西北部，为厂区主要特征点，可以加以利用，另有车间厂房为二十世纪五六十年代建筑框架结构，带有明显的历史特点。上海船厂滨水公共活动空间将作为新型的社区公园，扩大上海开放空间网络及沿黄浦江休闲娱乐的范围。

2）总体思路

造船厂的一些原有元素，如船坞、滑道、起重机和铁轨等，被作为船厂的历史印记与特色融入整个滨水区域的组织结构中。作为一张城市的名片，旧的生产车间被利用改造成船博物馆和艺术展览馆的综合体。为了满足游客需求，该区域内还设置了餐馆、咖啡厅、旅游纪念品商店等休闲设施，具体如下：

（1）生态环境的形成。配合滨江景观，我们在园林景观的生态化方面主要做了两个方面的工作，第一个方面是扩绿增绿，在用够用足生态绿地的基础上通过建筑的架空层以及台地绿化增加绿地面积；第二个方面是使江水和绿地相呼应、相接合，使滨江景观尽显生机勃勃。

（2）景观环境的塑造。从人的行为需求出发，为了满足人们亲水和亲近自然的需要，我们设计了许多滨江活动空间，结合各广场的建设，使不同规模的绿地能被更多的人享用。结合景观视觉形象，我们对沿江立面的景观形象进行控制，在动和静、前进和停留的不同状态下，在不同的视点上进行视线分析，从而对景观形象有一个良好的控制。

（3）历史元素的延续。我们这次的滨江景观规划设计站在历史的高度，考虑到如何更好地与过去文明衔接，并以发展的眼光让历史环境经过再生融入现今的城市生活，如何处理好过去文明和未来文明的关系是整个方案设计构思中最重要的方面。提炼旧厂房及船坞，使其形成视觉通廊，扩大驻留空间，并在其中布置景观性标志物，以提示历史，如塔吊、轨道。

3）种植设计

营造大面积的乔木种植及草坪，体现整体生态意境，自然方式种植的混合林给人们带来观赏的最佳意境，春天的樱花、初夏的石楠、秋天的桂花和枫香，形成整体强烈的滨江水岸自然景观气势。从江的对岸看过来，高低层次错落的绿化种植连接了主广场与保留厂房的景观，使滨江沿岸更具整体统一性。主要树种选择香樟、银杏、榉树、水杉、桂花。

（1）春之艳。春景是四季中最美的一季，寓意着万物复苏、生机勃勃的景象。春季是花的海洋，大量观花植被的应用是这一季的主题。乔木类以上海市花白玉兰为主，配以樱花、海棠、桃花、春鹃等花灌木，同时林下点缀宿根花卉，形成高、中、低搭配的丰富春景。

（2）夏之荫。浓密的树冠是夏的特点，绵延的绿色是这一季的主题。大量地应用绿植最能体现这一特点。香樟、广玉兰、水杉、华盛顿棕榈都是很好的表现，丝兰、栀子花的白花增加了一份清凉，紫薇、合欢的红平添了几分艳丽。

（3）秋之韵。绚丽的色彩是秋的特点，金色的黄和艳丽的红是这一季的主题。色叶树的应用最能体现这一特点，黄色系列主要有银杏、无患子、青枫、马褂木等；红色系列主要有乌桕、枫香、鸡爪槭、榉树等。除此以外，一些观果植物也是金秋的代表，如柿树、火棘、南天竹。

（4）冬之静。冬季独特的季相也别具一番风味，岁寒三友松、竹、梅形态各异的树枝、色彩各异的树干都是这一季特有的，加上一定数量常绿树的搭配，冬季同样是富有生机的一季，主要代表的植物品种有雪松、黑松、哺鸡竹、蜡梅、梅花、红瑞木、结香、海桐。

6.5 城市街道规划设计

6.5.1 城市道路景观规划设计

1. 城市道路景观规划设计的基本指导思想

城市道路不仅是城市交通的通道，具有交通性，而且也是城市居民购物、娱乐、散步、休憩的重要城市公共空间，具有生活服务性和观赏性。从城市整体来说，城市道路也是组织城市景观的骨架，应该成为城市居民观赏城市景观的重要场所；从城市局部来说，城市街道景观又是城市景观的重要组成部分，城市道路应该成为体现城市景观、历史文脉的宜人的公共空间环境。因此，城市道路除了功能性规划设计之外，还应该引入城市设计的概念和方法，进行道路动态视觉艺术环境的设计——城市道路景观规划设计。

2. 城市道路景观规划设计的原则

1）城市道路系统规划应与城市景观系统规划相结合，把城市道路空间纳入城市景观系统中去。

2）城市道路系统规划应与城市绿地系统规划相结合，把城市道路绿地作为城市绿地系统的一个重要组成部分。

3）城市道路系统规划与城市道路的详细规划设计应与城市历史文化环境保护规划相结合，成为继承和表现城市历史文化环境的重要公共空间。

4）城市道路景观规划设计应与道路的功能性规划相结合，与道路的性质和功能要求相协调。

5）城市道路景观规划设计应做到静态规划设计与动态规划设计相结合，创造既优美宜人又生动活泼、富于变化的城市街道景观环境。

3. 城市道路景观规划设计方法与内容

1）城市道路景观要素

城市道路景观要素可分为主景要素和配景要素两类。

（1）主景要素。它是在城市道路景观中起中心作用、主体作用的视觉对象，通常采用轴线对景的手法予以表现，包括：

山景：主要是可以构成为"景"的山峰及峰上的建（构）筑物，如塔、亭、楼等；

水景：主要是具有特色的水面及水中岛屿、绿化，岛上或岸边的建（构）筑物；

古树名木：指在城市街道上可以成为视觉中心，有观赏价值的高大乔木；

主体建筑：主要指从建筑高度、建筑形式、建筑造型、建筑位置等方面在城市形体上或城市街道局部建筑环境中具有突出主导作用的建筑物。

（2）配景要素。它是在城市道路景观中对主景要素起烘衬、背景作用，创造环境气氛的视觉对象，通常采用借景、呼应的手法予以表现。包括：

山峦地形：作为景观构图环境的空间背景轮廓线；

水面：作为景观环境的借景对象；

绿地花卉：成片的绿地、花卉可以用作景观环境的背景，烘托环境气氛；

雕塑：一般作为街道景观环境起呼应、点缀作用，特殊情况下也可以作为主景要素成为一定视觉景观环境的中心视觉对象；

建筑群：作为景观环境中的建筑背景。

2）城市道路景观系统规划的思路

（1）确定道路景观要素

在进行城市道路景观系统规划时，首先要结合城市景观系统规划、绿地系统规划确定哪些景点（自然景点和人文景点）可以或应该成为城市道路的景观要素。比如，哪些山景、水景可以作为对景和借景的对象；哪些山峰和水面通过一些建筑处理可以作为对景和借景的对象；哪些在城市形体结构中有重要作用的历史性建筑可以作为对景的对象；哪些与自然景观环境协调或具有时代感的标志性现代建筑可以作为街道景观的主景要素；哪些重要的古树名木可以用于风景园林……同时还应对这些景观要素的价值、环境、相互之间的关系进一步进行分析。

（2）确定景观环境气氛

在进行景观系统组合规划设计之前，应该根据城市景观系统规划和历史文化环境保护规划的要求，对城市街道的环境气氛要求进行分析。比如，哪些道路应考虑作为城市整体景观的观赏空间，哪些道路可以成为观赏自然景观的空间环境，哪些道路应该成为体现城市历史文化环境的街道空间，哪些道路又应体现城市的现代化气息。一般来说，城市入城干道的选线应考虑对城市整体景观的观赏要求，城市生活性道路和客运交通干道应成为城市主要景点的观赏性空间，城市交通干道应成为现代城市景观的观赏空间。

（3）景观系统的组合

城市道路景观系统可以由外部道路景观系统、自然与历史道路景观系统和现代道路景观系统组合而成。

城市外围入城干道是观赏城市整体轮廓景观的重要场所，在选线时特别要考虑对城市整体轮廓特色景观的观赏，并考虑一定的视觉保护域，以使在城市干道上对城市整体建筑群的面貌特色、城市主要自然景点和城市主要特色建筑的观赏有好的效果。例如德国吕贝克（Lubeck），城市中有三个主要的景观建筑：城堡门、圣玛丽教堂和主教教堂，入城干道选择了观赏城市整体轮廓景观的最佳位置。

城市生活性干道和客运交通干道的选线应该力求在道路视野范围内把城市（四周和城内）的自然景观点和城市人文景观建筑、古树名木组织起来，成为一个联系城市自然和历史事件景观的骨架，成为城市主要景点的观赏性道路空间。桂林城市主要道路的选线就尽量做到与城市四周和城内山景、城市重要古迹如王城、古南门、文庙等形成对景，使人们在城市道路空间里能感受到桂林自然山水的美和城市悠久历史文化的内涵。城市交通干道一般都伴随有两侧现代化的城市生产生活建筑设施或现代化交通设施如立体交叉桥等。城市现代化沿街建筑的面貌结合城市道路立交的设置，可以形成反映现代城市生活气氛和城市时代感的城市街道景观系统。城市道路景观系统的组合，可以使人们从不同的角度、不同的空间环境去体会从宏观到微观、从历史到现代、从自然到人文的丰富多层次的城市景观趣味，表现城市既有优美的自环然境，又有深沉的历史内涵，以及富有现代生气勃勃的生命力的整体形象。

4. 城市街景的组织与设计

城市道路是城市居民活动的重要公共空间。城市道路往往容易形成一种单调呆板的形象：一条笔直的、无尽头的车行道，有快速而拥挤的交通流穿过，两侧是缺少绿化的单调的人行道，被一个接一个的建筑立面所限定，建筑轮廓透视线都集中于地平线的灭点。因此，街道景观的组织与设计，除了建筑群和路旁空间的组织与设计外，还应考虑通过道路的选线，进行街道景点和景观环境的动态组合，从而创造一定的街道景观气氛。

根据道路景观系统的组织，在一条道路的不同路段可能同时要求形成不同气氛的景观环境，道路视野范围内也可能存在多种多样的景观要素可以利用。同时，可能存在一种需要（或机会），在某些特定的地点增加一些建（构）筑物、绿地、雕塑等景观要素，去除一些有碍于景观环境的因素，以创造更好的景观环境。所以街道景观的规划设计是一项综合而又复杂的工作。

1）道路选线与景观环境的组合

为了创造动态变化而又连续的视觉环境，通常使用对景和借景的手法，把道路沿线附近的景观对象有机地组织起来，互为因借，生动活泼。如北京北海前的道路选线，从文津街到景山前街一段就充分运用道路选线配合对景、借景的手法，由西向东道路曲折变化，在动态中创造了对景团城、借景北海和中南海、对景故宫角楼、对景景山、借景故宫和景山等五个道路景观环境，五个景观环境有机联系，有近有远，有高有低，有建筑有水面，过渡自然，富于乐趣，是道路选线与景观环境组合的一个范例。

在道路选线时，为了避免形成单调呆板的街道景观，应该尽可能运用变化构图的手法，通过道路有意识的曲折变化，改变对景在构图中的位置和视角，并考虑主景对象与配景对象之间的呼应组合与相互转化，创造动态的对景构图景观效果，同时还要考虑视域的保护和绿化与坡度对景观构图的影响。

2）街道横断面空间尺度与环境气氛

街道横断面空间尺度常指街道宽度（红线宽度）B 与两旁建筑控制高度 H 的比值 B/H（图6-4）。

当 $B/H \leqslant 1$ 时，建筑与街道之间有一种亲切感，街道空间具有较强的方向性和流动感，容易形成繁华热闹的气氛。此时街道绿化对街道空间尺度感的影响不大，过多的绿化会遮挡空间视线，亦可取得幽静的感觉，但当 $B/H < 0.7$ 时，会形成建筑空间压抑感。

当 $B/H = 1 \sim 2$ 时，绿化对空间的影响作用开始明显，由于绿化形成界面的衬托作用，在步行空间仍可保持一定的建筑亲切感和较为热闹的气氛。道路越宽，绿带的宽度和高度就应随之增大，以弥补由于建筑后退而产生的空间离散作用，绿化带对于丰富街景，增加城市自然气氛的作用更为显著。

当 $B/H > 2$ 时，道路往往布置多条绿化带，城市气氛逐渐被冲淡，空间更为开敞，大自然气氛逐渐加强。所以在考虑街道景观气氛时，就要运用空间尺度比例对气氛的影响作用，根据不同的要求考虑街道的空间尺度。一般城市边缘地区的城市干道和城内交通干道 $B/H > 2$，城内一般干道 $B/H = 1 \sim 2$，城市商业街道 $B/H \leqslant 1$，城市历史传统街道可根据地方特点选用，但尽可能使 $B/H = 0.5 \sim 0.7$。街道两旁建筑的封闭性对街景环境气氛也有重要影响作用，两旁建筑布置可分为三种：

封闭式空间布置：建筑基本上沿道路红线连续布置，具有强烈的城市繁华气息，常用于城市中心繁华地区的生活性街道和客运交通干道的空间布置；

半封闭式空间布置：建筑沿道路红线方向有限间断布置，或建筑虽间断布置但用低层裙房相连。常用于现代城市街景的重要街道或交通干道的空间布置；

开敞式空间布置：建筑间隔布置，建筑之间有开敞的绿化空间，具有安静、舒畅、与自然融合的气氛。常用于新住宅区内部道路及城乡接合部道路的空间组织。

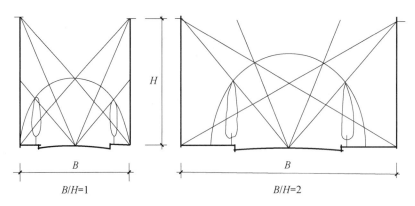

图 6-4　道路横断面空间尺度分析

3）街道功能空间的组合

根据城市街道的不同功能、地形条件和环境气氛的要求，城市道路的各种功能空间需要按各自的空间尺度进行街道横断面的组合。城市道路横断面空间可以分为车行交通空间（车行道及分隔带）、一般步行空间（人行道及绿带）、商业购物空间、休憩空间（步行道、绿地、休息空地）和观赏性空间（绿地、水面、雕塑等）五种。临近水面的道路应尽量在靠近水面一侧布置休憩空间和观赏性空间，呈非对称布置，此外根据地形条件又可以有不同的布置形式；为了解决客运交通干道与商业街功能混杂的矛盾，可以用休憩空间把车行交通空间与商业购物空间分隔设置，组成非对称的道路横断面。根据功能和环境的要求，按照功能空间组合来设计道路横断面，有利于打破中心对称型道路横断面的僵化呆板的单一形式，丰富城市街道景观。

6.5.2　城市步行街景观规划设计

在城市建设与发展中，商业网络不断地汇集，形成城市社会生活不可缺少的、集中消费的商业街区，它聚集了城市中主要的生活方式，即衣、食、住、行、看、玩等为一体化功能的商业服务区域。由于这个区域内人的密度很大，人货进出流量相对较大，商业摊位、铺面鳞次栉比，造成交通拥堵不畅已是平常现象，因此，城市商业集中区域的交通组织，便成为一个决定区域经济发展状况的重要问题。目前，在城市主要的商业街区，解决安全隐患，便于游人观光、购物、休闲娱乐，避免人车混流，最为普遍采用的方式就是分片区营建商业步行街，这几乎成为世界上所有城市商业中心街区具有代表性的方法。商业步行街的形成使得人车拥挤的交通状况得到缓解，将原有的车行道路改变成步行空地，并由此获得更多可利用的空间，供游人驻足观赏、休闲散步、消费购物，带动城市经济更加繁荣。

随着大量的商业步行街区在不同城市的兴建，街区的商业态功能与形式也随之不断更新与完善，人们已不再满足于单纯的购物或就餐，而是希望在这个繁华的闹市中体会到城市生活的丰富，满足他们来自视觉、听觉、嗅觉、好奇心等多元化的需求。于是各个具有不同地域文化的、代表城市本土特征的商业步行街不断涌现，它不仅推动城市经济的发展，同时也对城市形象的改变起到了积极作用，使商业步行街在城市环境中成为一个引人瞩目的景观。商业步行街的营建一方面利用了城市中极为有限的车道改造而形成的场地，缓解了不断膨胀的城市与不断增加的人群对活动空地的需求压力；另一方面则是在探索城市建设与发展中，对于城市形象、城市文脉、传统历史街区的保护与利用上，需寻求适合本土人文特征、传统习俗特性、地理、气候条件的发展新路，这是最具社会影响力和备受关注的。商业步行街的营建不同于普通的场地景观建设，通常是由当地政府根据城市宏观发展规划要求进行选址立项，由政府的职能部门负责项目的招商与宣传，并监督执行拆迁、兴建、协调、改造、保护等具体工作。由此可见，商业步行街从立项到建设，都是由政府主导或参与的市政项目，它的成败将直接影响区域经济。由于其在城市环境中的重要地位，几乎成为一个城市形象的代表和名片，因此，商业步行街的业态设置和街区形象成为社会关注的焦点。如何使其更具功能作用、更具观赏价值、更具地域人文特征、更具城市生活丰富的内容，将在以下关于商业步行街区景观规划设计所展开的多方面设计程序与要素中进行探讨。

6.5.3　城市街道景观服务设施规划设计

城市街道景观服务设施包括休息座椅、垃圾箱、烟灰箱、室外雕塑、自动取款机亭、邮箱、地标、饮水池、小卖部等，均需与各专业部门结合，进行统一的布局及造型设计。为方便顾客停留、休息，在商业街的逗留空间安排大量座椅。座椅的位置要遵循顺畅原则，与步行道平行排列，座椅不能影响行人的活动，同时需要满足休息者的需求。街道是表现城市风貌的重要场所，街头小品可以打破街道乏味的气氛，使之更富有生活气息，并成为街景中的亮点。如：城市街道休息座椅，座椅的种类很多，有单人座椅、2～3 人用的普通长椅（带靠背）、多人用的坐凳、凭靠式座椅。从设置方式上划分，除了普通的平置式、嵌砌式外，还有固定在花坛挡土墙上的座椅，兼作绿地挡土墙的座椅，以及设置在树木周围兼作树木保护设施的围树椅等形式。对于垃圾箱、烟灰箱的设置，近年来随着垃圾分类回收、吸烟角等环境措施在社会上的实施、推广，不设垃圾箱、烟灰箱的场所逐渐增多，特别是在自然公园内，为了儿童的健康，很多儿童公园都不放置烟灰箱。在人群汇集的广场等场所，可将大型垃圾箱设置在醒目的位置，在游廊式商业中心等人行道纵横的场所，则多在较为醒目的位置设置小型垃圾箱、烟灰箱，以免妨碍步行或清扫。但更为重要的是，在设置垃圾箱、烟灰箱前应规划好管理回收系统，以真正确保环境卫生、使用方便。城市街道电话亭，必须考虑现代交通条件下的视觉特性，并根据不同的街道性质正确地选择它的内容、形式和尺度，以创造出具有时代感的作品。良好的环境要有良好的管理来维持，优秀的电话亭设计能为管理提供必要的条件。街道上交叉口较多，为保证行车安全，电话亭设计中必须考虑交通的顺畅。同时，需要增加景观的文化内涵以满足人们对街道景观的品评、联想、回味。交通繁忙的街道，沿街的电话亭尺度要大，造型要简洁，设置密度可相对较低，这样人们乘坐机动交通工具在快速行驶过程中才能留下印象。生活性街道和步行商业街等人流较多的道路中，步行者因行进速度较慢，会有时间仔细观赏一些细致的街头艺术品和建筑小品。在这种街道中，电话亭的设置密度可相对较大，应色彩鲜明，造型别致但尺度不宜过大，应具备活力性、感觉性、适合性、接近性和管理性等特性。报亭的设计在满足功能和技术要求的基础上，要强调与街道性质的适合性。比如以商业服务为主的生活性街道，要突出商业气氛；而以居住为主的街道，则要多考虑服务设施的设置，并强调夜间的安静性；办公区则强调其标志性。报亭要在街道适当的位置设置，充分考虑人的使用要求，做到"以人为本"。报亭的设计要提供各式各样的使用功能，既要考虑机动车，也要考虑自行车和行人，同时要充分考虑到残疾人及老年人、儿童的使用，提供良好的无障碍设计。

【思考与练习】

1. 思考城市广场景观规划设计如何体现地方特色与时代特征。
2. 简述广场绿化设计的原则和方法。
3. 阐述国内外城市公园发展概况。
4. 试分析城市公园规划设计对我国社会主义精神文明建设发展的影响和意义。
5. 城市公园规划设计布局应该注意哪些方面？
6. 根据自然滨水景观和人文滨水景观的不同特点，总结城市滨水区规划设计原则和要点。

第7章

风景园林规划设计的程序

7.1 要求与内容综述

园林建设工程作为建设项目中的一个类别，它必定要遵循建设程序（图7-1），即建设项目从设想、选择、评估、决策、设计、施工到竣工验收、投入使用，发挥社会效益、经济效益的整个过程，而其中各项工作必须遵循有其先后次序的法则，即：①根据地区发展需要，提出项目建议书；②在现场调研的基础上，提出可行性研究报告；③有关部门进行项目立项；④根据可行性研究报告编制设计文件，进行初步设计；⑤初步设计经批准后，做好施工前的准备工作；⑥组织施工，竣工后经验收可交付使用；⑦经过一段时间的运行（一般是1～2年），应进行项目后评价。具体内容如下：

1. 项目建议书阶段

项目建议书是根据当地的国民经济发展和社会发展的总体规划或行业规划等要求，经过调查、预测分析后所提出的。它是投资建设决策前对拟建设项目的轮廓设想，主要是说明该项目立项的必要性、条件的可行性、可获取效益的可能性，以供上一级机构进行决策之用。

在园林建设项目中其内容一般有：

①建设项目的必要性和依据；

②拟建设项目的规模、地点以及自然资源、人文资源情况；

③投资估算以及资金筹措来源；

④社会效益、经济效益的估算。

按现行规定，凡属大中型或限额以上的项目建议书，首先要报送行业归口主管部门，同时抄送国家计委，行业归口部门初审后再由国家计委审批。而小型和限额以下项目的项目建议书应按项目隶属关系由部门或地方计委审批。

2. 可行性研究报告阶段

项目建议书一经批准，即可着手进行可行性研究，其基本内容为：

①项目建设的目的、性质、提出的背景和依据；

②建设项目的规模、市场预测的依据等；

③项目建设的地点位置、当地的自然资源与人文资源的状况，即现状分析；

④项目内容，包括面积、总投资、工程质量标准、单项造价等；

⑤项目建设的进度和工期估算；

⑥投资估算和资金筹措方式，如国家投资、外资合营、自筹资金等；

⑦经济效益和社会效益的估算。

3. 设计工作阶段

设计是对拟建工程实施在技术上和经济上所进行的全面而详尽的安排，是园林建设的具体化。设计过程一般分为三个阶段，即初步设计、技术设计和施工图设计。但对园林工程一般仅需要进行初步设计和施工图设计即可。

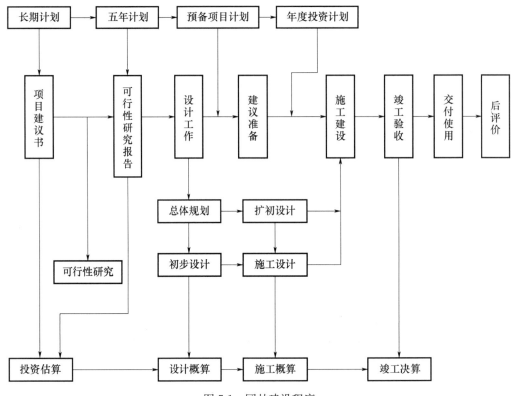

图 7-1 园林建设程序

4. 建设准备阶段

项目在开工建设前要切实做好各项准备工作，其主要内容为：

①征地、拆迁、平整场地，其中拆迁是一件政策性很强的工作，应在当地政府及有关部门的协助下，共同完成此项工作；

②完成施工所用的供电、供水、道路设施工程；

③组织设备及材料的订货等准备工作；

④组织施工招、投标工作，精心选定施工单位。

5. 建设实施阶段

1）工程施工的方式

工程施工方式有两种，一种是由实施单位自行施工，另一种是委托承包单位负责完成。目前常用的是通过公开招标以决定承包单位。其中最主要的是订立承包合同（在特殊的情况下，可采取订立意向合同等方式）。承包合同主要内容为：

①所承担的施工任务的内容及工程完成的时间；

②双方在保证完成任务前提下所承担的义务和享有的权利；

③甲方支付工程款项的数量、方式以及期限等；

④双方未尽事宜应本着友好协商的原则处理，力求完成相关工程项目。

2）施工管理

开工之后，工程管理人员应与技术人员密切合作，共同搞好施工中的管理工作，即工程管理、质量管理、安全管理、成本管理及劳务管理。

（1）工程管理：开工后，工程现场行使自主的施工管理。对甲方而言，是如何在确保工程质量的前提下，保证工程的顺利进行，以在规定的工期内完成建设项目。对于乙方来说，则是以最少的投入取得最好的效益。工程管理的重要指标是工程进度，因而应在满足经济施工和质量要求下，求得切实可行的最佳工期。

为保证如期完成工程项目，应编制出符合上述要求的施工计划，包括合理的施工顺序、作业时间和作业均衡、成本等。在制订施工计划过程中，将上述有关数据图表化，以编制出工程表。工程上也会出现预料不到的情况，因此应可补充或修正，以灵活运用。

（2）质量管理：其目的是有效地建造出符合甲方要求的高质量的项目，因而需要确定施工现场作业标准量，并测定和分析这些数据，把相应的数据填入图表中并加以研究运用，即进行质量管理。有关管理人员及技术人员正确掌握质量标准，根据质量管理图进行质量检查及生产管理，确保质量稳定。

（3）安全管理：这是杜绝劳动伤害、创造秩序井然的施工环境的重要管理业务，应在施工现场成立相关的安全管理组织，制订安全管理计划，以便有效地实施安全管理，严格按照各工种的操作规范进行操作，并应经常对工人进行安全教育。

（4）成本管理：园林建设工程是公共事业，甲方与乙方的目标应是一致的，即将高质量的园林作品交付给社会，因而必须提高成本意识，成本管理不是追逐利润的手段，利润应是成本管理的结果。

（5）劳务管理：应包括招聘合同手续、劳动伤害保险、支付工资能力、劳务人员的生活管理等，它不仅是为了保证工程劳务人员的权益，同时也是项目顺利完成的必要保障。

6. 竣工验收阶段

竣工验收阶段是建设工程的最后一环，是全面考核园林建设成果、检验设计和工程质量的重要步骤，也是园林建设转入对外开放及使用的标志。

竣工验收的范围：根据国家现行规定，所有建设项目按照上级批准的设计文件所规定的内容和施工图纸的要求全部建成。

竣工验收的准备工作：主要有整理技术资料、绘制竣工图纸（应符合归档要求）、编制竣工决算。

组织项目验收：工程项目全部完工后，经过单项验收，符合设计要求，并具备竣工图表、竣工决算、工程总结等必要的文件资料，由项目主管单位向负责验收的单位提出竣工验收申请报告，由验收单位组织相应的人员进行审查、验收，作出评价，对不合格的工程则不予验收，对工程的遗留问题则应提出具体意见，限期完成。

确定对外开放日期：项目验收合格后，应及时移交使用部门并确定对外开放时间，以尽早发挥项目的经济效益与社会效益。

7. 后评价阶段

建设项目的后评价是工程项目竣工并使用一段时间后，再对立项决策、设计施工、竣工使用等全工程进行系统评价的一种技术经济活动，是固定资产投资管理的一项重要内容，也是固定资产管理的最后一个环节。通过建设项目的后评价可以肯定成绩、总结经验、研究问题、吸取教训、提出建议、改进工作，不断提高项目决策水平。

目前，我国开展建设项目的后评价时一般按三个层次组织实施，即项目单位的自我评价、行业评价、主要投资方或各级计划部门的评价。

7.2 方案设计文件编制深度规定

方案设计的编制，必须贯彻执行国家及地方有关工程建设的政策和法令，符合国家现行的建筑工程建设标准、设计规范和制图标准以及确定投资的有关指标、定额和费用标准的规定。

在方案设计前，应进行必要的调查研究，弄清与工程设计有关的基本条例，收集必要的设计基础资料，进行认真分析。

设计文件的内容及深度要求如下：

1）方案设计文件根据设计任务书进行编制，主要由设计说明书、设计图纸、投资估算、透视图等四部分组成。除透视图单列外，其他文件的编排顺序为：

①封面（要求写明方案名称、方案编制单位、编制时间）；

②扉页（方案编制单位行政及技术负责人、具体编制总负责人签认名单）；

③方案设计文件目录；

④设计说明书；

⑤设计图纸；

⑥投资估算。

2）一些大型或重要的城市建筑根据工程需要可加做建筑模型（费用另收）。

7.3 风景园林的程序与要求

7.3.1 方案设计阶段

1. 掌握自然条件、环境状况及历史沿革，具体包括以下方面：

1）甲方对设计任务的要求及历史状况。

2）城市绿地总体规划与公园的关系，以及对公园设计上的要求。城市绿地总体规划图比例尺为1∶10000～1∶5000。

3）公园周围的环境关系、环境特点、未来发展情况。如周围有无名胜古迹、人文资源等。

4）公园周围的城市景观。建筑形式、体量、色彩等与周围市政的交通联系，人流集散方向，周围居民的类型与社会结构，如属于厂矿区、文教区或商业区等的情况。

5）该地段的能源情况（电源、水源）以及排污、排水情况，周围是否有污染源，如有毒有害的厂矿企业、传染病医院等情况。

6）规划用地的水系、地质、地形、气象等方面的资料。了解地下水位，年与月降雨量，年最高最低温度的分布时间，年最高最低湿度及其分布时间，年季风风向、最大风力、风速以及冰冻线深度等，重要或大型园林建筑规划位置尤其需要地质勘察资料。

7）植物状况。了解和掌握地区内原有的植物种类、生态、群落组成，还有树木的年龄、观赏特点等。

8）建园所需主要材料的来源与施工情况，如苗木、山石、建材等情况。

9）甲方要求的园林设计标准及投资额度。

2. 图纸资料

除了上述要求提供城市总体规划图以外，还要求甲方提供以下图纸资料：

①地形图。根据面积大小，提供 1：2000、1：1000、1：500 园址范围内总平面地形图。图纸应明确显示以下内容：设计范围（红线范围、坐标数字）、园址范围内的地形、标高及现状物（现有建筑物、构筑物、山体、水系、植物、道路、水井，还有水系的进出口位置、电源等）的位置。现状物中，要求保留利用、改造和拆迁等情况要分别注明。四周环境情况：与市政交通联系的主要道路名称、宽度、标高点数字以及走向和道路、排水方向；周围机关、单位、居住区的名称、范围，以及今后发展状况。

②局部放大图。需要提供 1：200 图纸为详细设计用。该图纸应满足建设单位设计及其周围山体、水系、植被、园林小品及园路的详细布局。

③要保留使用的主要建筑物的平、立面图。平面位置注明室内、外标高，立面图要标明建筑物的尺寸、颜色等内容。

④现状树木分布位置图（1：200、1：500）。主要标明要保留树木的位置，并注明品种、胸径、生长状况和观赏价值等，有较高观赏价值的树木最好附以彩色照片。

⑤地下管线图（1：500、1：200）。一般要求与施工图比例相同。图内应包括要保留的供水、雨水、污水、化粪池、电信、电力、暖气沟、煤气、热力等管线位置及井位等。除平面图外，还要有剖面图，并需要注明管径的大小、管底或管顶标高、压力、坡度等。

3. 现场踏勘

无论面积大小、设计项目的难易，设计者都必须认真到现场进行踏勘。一方面，核对和补充所收集的图纸资料，如现状的建筑树木、水文、地质地形等自然条件；另一方面，设计者到现场，可以根据周围环境条件，进入艺术构思和设计创造，仔细观察空间环境，发现可利用、可借景的景物和不利或影响景观的因素，以便在规划设计过程中分别加以适当处理。可根据情况进行必要的多次现场调查。现场勘察的同时，需要拍摄一定数量的环境和现状照片，以供设计时参考和使用。

4. 编制总体设计任务文件

设计者将所收集到的资料，经过分析、研究，制定出总体设计原则和目标，编制出进行公园设计的要求和说明。主要包括以下内容：

①公园在城市绿地系统中的关系；

②公园所处地段的特征及四周环境；

③公园的面积和游人容量；

④公园总体设计的艺术特色和风格要求；

⑤公园地形设计，包括山体、水系等要求；

⑥公园的分期建设实施的程序；

⑦公园建设的投资匡算。

7.3.2 初步设计阶段

在明确公园在城市绿地系统中的关系，确定了公园总体规划设计的原则与目标以后，着手进行以下主要图纸的设计工作：

1. 区位图

属于示意性图纸，表示该公园在城市区域内的位置，要求简洁明了。

2. 现状图

根据已掌握的全部资料，经分析、整理、归纳后，分成若干空间，对现状作综合评述。可用圆形圈或抽象图形将其概括地表示出来。例如，经过对四周道路的分析，根据主次城市干道的情况，确定出入口的大体位置和范围。同时，在现状图上，可分析公园规划设计中有利和不利因素，以便为功能分区提供参考依据。

3. 分区图

根据总体规划设计的原则、现状图分析，以及不同年龄段游人活动以及不同兴趣爱好游人的需要，确定不同的分区，划出满足不同功能要求的不同空间区域，并注意功能与形式的统一。另外，分区图可以反映不同空间、分区之间的关系。该图属于示意说明性质，可以用抽象图形成圆圈和不同色块等图案予以表示。

4. 总体规划设计方案图

根据总体规划设计原则、目标，总体规划设计方案图应包括以下方面的内容：第一，公园与周围环境的关系；公园主要、次要、专用出入口与市政关系，即毗邻街道的名称、宽度；周围主要单位名称或居民区等；公园与周围园界是围墙或透空栏杆要明确表示。第二，公园主要、次要、专用出入口的位置、面积、规划形式；主要出入口的内外广场、停车场、大门等布局。第三，公园的总体规划，道路系统规划。第四，全园建筑物、构筑物等布局情况，建筑平面要能反映总体规划设计意图。第五，全园植物设计图。图上反映密林、疏林、树丛、草坪、花坛、专类花园、盆景园等植物景观。此外，总体规划设计方案图应准确标明指北针、比例尺、图例等内容。总体规划设计方案图，面积在 100 公顷以上，比例尺多采用 1：5000～1：200；面积在 10～50 公顷，比例尺可用 1：1000；面积在 8 公顷以下，比例尺可用 1：500。

5. 地形设计图

地形是全园的骨架，要求能反映出公园的地形结构，以自然山水园而论，要求表达山体、水系的内在有机联系。根据分区需要进行空间组织；根据造景需要，确定山体形体、制高点，山峰、山脉、山脊走向，丘陵起伏、缓坡、微地形以及坞、岗等陆地造型。同时，地形还要表示出湖、池、潭、湾、涧、溪、滩、沟、渚以及堤、岛等水体造型，并要标明湖面的最高水位、常水位、最低水位线。此外，图上标明入水口、排水口的位置（总排水方向、水源及雨水聚集地）等，也要确定主要园林建筑所在地的地坪标高、桥面标高、广场高程，以及道路变坡点标高，还必须标明公园周围市政设施、马路、人行道以及与公园邻近单位的地坪标高，以便确定公园与四周环境之间的排水关系。

7.3.3　深化设计阶段

有时甲方要求进行多方案的比较或征集方案投标。经甲方、有关部门审定，认可并对方案提出新的意见和要求，有时总体规划设计方案还要做进一步的修改和补充。在总体规划设计方案最终确定以后，接着就要进行局部详细设计工作。

1. 平面图

首先，根据公园或工程的不同分区，划分若干局部，每个局部根据总体规划设计的要求，进行局部详细设计。一般比例尺为 1：500，等高线距离为 0.5 米，用不同等级粗细的线条，画出等高线、园路、广场、建筑、水池、湖面、驳岸、树林、草地、灌木丛、花坛、花卉、山石雕塑等。详细设计平面图要求标明建筑平面、标高及与周围环境的关系。道路的宽度、形式、标高；主要广场、地坪的形式、标高；花坛、水池面积大小和标高；驳岸的形式、宽度、标高，同时平面上标明雕塑、园林小品的造型。

2. 横纵剖面图

为更好地表达设计意图，在局部艺术布局最重要部分，或局部地形变化部分，做出断面图，一般比例尺为 1：500～1：200。

3. 局部种植设计图

在总体规划设计方案确定后，在着手进行局部景区、景点的详细设计的同时，要进行 1：500 的种植设计工作。一般 1：500 比例尺的图纸，能较准确地反映乔木的种植点、栽植数量、树种。树种主要包括密林、疏林、树群、树丛、行道树、湖岸树的位置。其他种植类型，如花坛、花境、水生植物、灌木丛、草坪等的种植设计图可选用 1：300 比例尺或 1：200 比例尺。

7.3.4　施工图设计阶段

1. 图纸规范

图纸要尽量符合《房屋建筑制图统一标准》（GB/T 50001—2017）的规定。图纸尺寸：A0 号图 841mm×1189mm；A1 号图 594mm×841m；A2 号图 420mm×594mm；A3 号图 297mm×420mm；A4 号图 210mm×297mm；4 号图不得加长，如果要加长图纸，只允许加长图纸的长边。特殊情况下，允许加长 1～3 号图纸的长度、宽度；A0 号图纸只能加长长边。加长部分的尺寸应为边长的 1/8 及其倍数。

2. 施工设计平面的坐标网及基点、基线

一般图纸均应明确画出设计项目范围，画出坐标网及基点、基线的位置，以便作为施工放线之依据。基点、基线的确定应以地形图上的坐标线或现状图上工地的坐标据点，或现状建筑屋角、墙面，或构筑物、道路等为依据，必须纵横垂直。一般坐标网依图面大小每 10 米、20 米或 50 米的距离，从基点、基线向上、下、左、右延伸形成坐标网，并标明纵横标的字母。一般用 A、B、C、D…和对应的 A'、B'、C'、D'…英文字母及阿拉伯数字 1、2、3、4…和对应的 $1'$、$2'$、$3'$、$4'$…，从基点、O、O' 坐标点开始，以确定每个方格网交点的纵横数字所确定的坐标，作为施工放线的依据。

3. 施工图纸制图要求和内容

图纸要注明图头、图例、指北针、比例尺、标题栏及简要的图纸设计内容的说明。图纸要求文字清楚、整齐；图面清晰、整洁；图线要求分清粗实线、中实线、细实线、点画线、折断线等线型，并准确表达对象。

4. 施工放线总图

施工放线总图主要表明各设计因素之间具体的平面关系和准确位置。图纸内容包括：保留利用的建筑物、构筑物、树木、地下管线等，设计的地形等高线、标高点，水体、驳岸、山石、建筑物、构筑物的位置，道路、广场、桥梁、涵洞，树种的种植点，园灯、园椅、雕塑等全园设计内容。

5. 地形设计总图

地形设计总图主要内容包括：平面图上应确定制高点、山峰、台地、丘陵、缓坡、平地、微地形、丘阜、坞、岛及湖、池、溪流等岸边、池底等的具体高程，以及入水口、出水口的标高。此外，各区的排水方向、雨水汇集点及各景区园林建筑、广场的具体高程。一般草地最小坡度为 1%，最大不得超过 33%，最适坡度在 1.5%～10%，人工剪草机修剪的草坪坡度不应大于 25%。一般绿地缓坡坡度在 8%～12%。地形设计平面图还应包括地形改造过程中的填方、挖方内容，在图纸上应写出全园的挖方、填方数量，说明应进土方或运出土方的数量及挖、填土之间土方调配的运送方向和数量，一般力求全园挖、填土方取得平衡。除了平面图，还要求画出剖面图，示出主要部位的山形、丘陵、坡地的轮廓线及高度、平面距离等，要注明剖面的起讫点、编号，以便与平面图配套。

6. 水系设计

除了陆地上的地形设计，水系设计也是十分重要的组成部分。平面图应表明水体的平面位置、形状、大小、类型、深浅以及工程设计要求。首先，应完成进水口、隘水口或泄水口的大样图，然后，从全园的总体规划设计对水系的要求考虑，画出主、次湖面、堤、岛、驳岸造型、溪流、泉水等及水体附属物的平面位置，以及水池循环管道的平面图。纵剖面图要表示出水体、驳岸、池底、山石、汀步、堤、岛等工程做法。

7. 道路、广场设计

平面图要根据道路系统的总体规划设计，在施工总图的基础上，画出各种道路、广场、地坪、台阶、盘山道、山路、汀步、道桥等的位置，并注明每段的高程、纵坡、横坡的数字。一般园路分主路、支路、游步道和小径 3～4 级，园路最低宽度为 0.9 米，主路一般为 5 米，支路在 2～3.5 米，游步道为 1.2 米。国际康复协会规定残疾人使用的坡道最大纵坡为 8.3%，所以，主路纵坡上限为 8%。山地公园主路纵坡应小于 12%。综合各种坡度，《公园设计规范》（GB 51192—2016）规定，支路和小路纵坡宜小于 18%，纵坡超过 15% 路段、路面应做防滑处理。超过 18% 的纵坡，宜设台阶、梯道，并且规定，通行机动车的园路宽度应大于 4 米，转弯半径不得小于 12 米。一般室外台阶比较舒适高度为 12 厘米，宽度为 30 厘米，纵坡为 40%。长期园林实践数据：一般混凝土路面纵坡为 0.3%～0.5%，横坡为 1.0%～2.0%；园石或拳石路面纵坡为 0.5%～9%，横坡为 3%～4%；天然土路纵坡为 0.5%～8%，横坡为 3%～4%。除了平面图，还要求用 1：20 的比例绘出剖面图，主要表示各种路口、山路、台阶的宽度及其材料，道路的结构层（面层、垫层、基层等）厚度、做法。注意每个剖面图都要编号，并与平面图配套。

8. 园林建筑设计

要求包括建筑的平面设计（反映建筑的平面位置、朝向、与周围环境的关系）、建筑底层平面建筑各方向的剖面图、屋顶平面图、必要的大样图、建筑结构图等。

9. 植物配置

种植设计图应表现树木花草的种植位置、品种、种植类型、种植距离，以及水生植物等内容。应画出常绿乔木、落叶乔木、常绿灌木、开花灌木、绿篱、花篱、草地、花卉等具体的位置、品种、数量、种植方式等。植物配置图的比例尺，一般采用 1：500、1：300、1：200，根据具体情况而定。大样图可用 1：100 的比例尺，以便准确地表示出重要景点的设计内容。

10. 假山及园林小品

假山及园林小品，如园林雕塑等也是园林造景中的重要因素。一般最好做成山石施工模型或雕塑小样，便于施工过程中较理想地体现设计意图。在风景园林中，主要提出设计意图、高度、体量、造型构思、色彩等内容，以便于与其他行业相配合。管线及电信设计，在管线规划图的基础上，表现出上水（造景、绿化、生活、卫生、消防）、下水（雨水、污水）、暖气、煤气等，应按市政设计部门的具体规定和要求正规出图。主要注明每段管线的长度、管径、高程及如何接头，同时注明管线及各种井的具体位置、坐标。同样，在电气规划图上将各种电气设备、灯具位置，变电室位置及电缆走向等具体标明。

11. 设计概算

土建部分：可按项目估价算出汇总价；或按市政工程预算定额中园林附属工程定额计算。绿化部分：可按基本建设材料预算价格中苗木单价表及建筑安装工程预算定额的园林绿化工程定额计算。

7.4　设计成果的呈报与评价

展示性表现是指设计师对最终的设计方案的表现。它要求该表现具有完整明确、美观得体的特点，充分展现设计方案的立意构思、空间形象以及气质特点。应注意选择合适的表现方法。图纸的表现方法很多，如手绘表现、电脑表现以及 VR 技术等，可根据自身掌握的熟练程度以及设计的内容、特点来选择合适的表现方法，并注意构图疏密安排、图纸中各图形的位置均衡、图面主色调的选择以标题、标注的字体样式和位置的协调等。

【思考与练习】

1. 简述风景园林的原则和步骤。
2. 风景园林的方案设计阶段应该思考哪些内容？
3. 分析风景园林中初步设计阶段的重要性。
4. 风景园林中的现场踏勘应注意哪些要点？

参考文献

[1] 陈秀波. 植物景观设计 [M]. 武汉：华中科技大学出版社，2017.

[2] 陈六汀. 景观艺术设计 [M]. 北京：中国纺织出版社，2004.

[3] 常文心. 生态景观设计 [M]. 沈阳：辽宁科学技术出版社，2017.

[4] 常俊丽，娄娟，黄丽霞. 园林规划设计 [M]. 上海：上海交通大学出版社，2012.

[5] 曹宇，赵羿，吴玉环. 熵、水与景观 [M]. 杭州：浙江大学出版社，2012.

[6] 戴航. 城市道路景观设计与案例 [M]. 哈尔滨：黑龙江科学技术出版社，2007.

[7] 邓舸，邓宏. 风景园林设计教程 [M]. 重庆：西南师范大学出版社，2013.

[8] 丁旭，魏薇. 城市设计·上·理论与方法 [M]. 杭州：浙江大学出版社，2010.

[9] 郭媛媛，邓泰，高贺. 园林景观设计 [M]. 武汉：华中科技大学出版社，2018.

[10] 郭永久. 园林尺度研究 [M]. 合肥：安徽美术出版社，2017.

[11] 韩玉林. 风景园林工程 [M]. 重庆：重庆大学出版社，2011.

[12] 侯碧清，张正佳，易仕林. 城市绿地景观与生态园林城市建设 [M]. 长沙：湖南大学出版社，2005.

[13] 侯鑫. 基于文化生态学的城市空间理论：以天津、青岛、大连研究为例 [M]. 南京：东南大学出版社，2006.

[14] 胡俊琦，柳建. 景观设计 [M]. 重庆：重庆大学出版社，2015.

[15] 江芳，郑燕宁. 园林景观规划设计 [M]. 北京：北京理工大学出版社，2017.

[16] 凯瑟琳·迪伊. 景观建筑形式与纹理 [M]. 周剑云，唐孝祥，侯雅娟，译. 杭州：浙江科学技术出版社，2004.

[17] 李开然. 风景园林设计 [M]. 上海：上海人民美术出版社，2014.

[18] 林玉莲，胡正凡. 环境心理学 [M]. 北京：中国建筑工业出版社，2006.

[19] 梁永基，王莲清. 居住区园林绿地设计 [M]. 北京：中国林业出版社，2001.

[20] 梁伊任. 园林建设工程 [M]. 北京：中国城市出版社，2001.

[21] 刘磊. 园林设计初步 [M]. 2版. 重庆：重庆大学出版社，2015.

[22] 刘贵利. 城市生态规划理论与方法 [M]. 南京：东南大学出版社，2002.

[23] 龙剑波，刘兆文，刘君. 中国风景园林建筑 [M]. 北京：北京工业大学出版社，2018.

[24] 吕敏，丁怡，尹博岩. 园林工程与景观设计 [M]. 天津：天津科学技术出版社，2018.

[25] 孟刚. 城市公园设计 [M]. 上海：同济大学出版社，2005.

[26] 曲旭东，欧阳丽萍. 滨水景观设计 [M]. 武汉：华中科技大学出版社，2018.

[27] 沈渝德，刘冬. 现代景观设计 [M]. 2版. 重庆：西南师范大学出版社，2017.

[28] 史明. 景观艺术设计 [M]. 南昌：江西美术出版社，2008.

[29] 唐贤巩，王佩之. 景观设计基础 [M]. 哈尔滨：哈尔滨工程大学出版社，2008.

[30] 田建林，杨海荣. 园林设计初步 [M]. 北京：中国建材工业出版社，2010.

[31] 文国玮. 城市交通与道路系统规划设计 [M]. 北京：清华大学出版社，2007.

［32］ 文增．城市广场设计［M］．沈阳：辽宁美术出版社，2014.

［33］ 王江萍．城市详细规划设计［M］．武汉：武汉大学出版社，2011.

［34］ 王建廷，李家祥．环境美化［M］．天津：天津古籍出版社，2012.

［35］ 王铁．移动风景：商业街景观设计［M］．成都：四川科学技术出版社，2006.

［36］ 吴文英，朱高龙，林金堂．三维可视化城市景观规划：理论、方法与应用［M］．北京：中国广播电视出版社，2007.

［37］ 吴阳．景观设计原理［M］．石家庄：河北美术出版社，2017.

［38］ 夏惠．园林艺术［M］．北京：中国建材工业出版社，2017.

［39］ 杨湘涛．园林景观设计视觉元素应用［M］．长春：吉林美术出版社，2018.

［40］ 杨至德．风景园林设计原理［M］．武汉：华中科技大学出版社，2015.

［41］ 袁傲冰，李克忠．居住区景观设计［M］．长沙：湖南师范大学出版社，2007.

［42］ 袁犁．风景园林规划原理［M］．重庆：重庆大学出版社，2017.

［43］ 于晓亮，吴晓淇．公共环境艺术设计［M］．杭州：中国美术学院出版社，2006.

［44］ 姚亦锋．风景名胜与园林规划［M］．南京：南京大学出版社，2011.

［45］ 张德顺，芦建国．风景园林植物学：上［M］．上海：同济大学出版社，2018.

［46］ 张德顺，芦建国．风景园林植物学：下［M］．上海：同济大学出版社，2018.

［47］ 张晓燕．景观设计理念与应用［M］．北京：中国水利水电出版社，2007.

［48］ 郑宏．广场设计［M］．北京：中国林业出版社，2000.

［49］ 朱家瑾．居住区规划设计［M］．北京：中国建筑工业出版社，2007.

［50］ 曾艳．风景园林艺术原理［M］．天津：天津大学出版社，2015.

［51］ 曾筱．园林建筑与景观设计［M］．长春：吉林美术出版社，2018.

［52］ 白丹．宜居城市园林规划设计理论与方法研究［D］．北京：北京林业大学，2010.

［53］ 白桦琳．光影在风景园林中的艺术性表达研究［D］．北京：北京林业大学，2013.

［54］ 陈云文．中国风景园林传统水景理法研究［D］．北京：北京林业大学，2014.

［55］ 陈蓉．城市公园绿地主题的确立与表达［D］．南京：南京林业大学，2010.

［56］ 陈渝．城市游憩规划的理论建构与策略研究［D］．广州：华南理工大学，2013.

［57］ 曹珂．山地城市设计的地域适应性理论与方法［D］．重庆：重庆大学，2016.

［58］ 冯潇．现代风景园林中自然过程的引入与引导研究［D］．北京：北京林业大学，2009.

［59］ 匡纬．基于非线性思维观的景观设计策略研究［D］．北京：北京林业大学，2011.

［60］ 康汉起．城市滨河绿地设计研究［D］．北京：北京林业大学，2009.

［61］ 林墨飞．当代中国景观设计的思想演进与创作实践研究［D］．大连：大连理工大学，2014.

［62］ 李利．自然的人化［D］．北京：北京林业大学，2011.

［63］ 李倞．现代城市景观基础设施的设计思想和实践研究［D］．北京：北京林业大学，2011.

［64］ 李雄．园林植物景观的空间意象与结构解析研究［D］．北京：北京林业大学，2006.

［65］ 李冠衡．从园林植物景观评价的角度探讨植物造景艺术［D］．北京：北京林业大学，2010.

［66］ 秦岩．中国园林建筑设计传统理法与继承研究［D］．北京：北京林业大学，2009.

［67］ 申世广．3S技术支持下的城市绿地系统规划研究［D］．南京：南京林业大学，2010.

［68］ 沈莉颖．城市居住区园林空间尺度研究［D］．北京：北京林业大学，2012.

［69］ 孙帅．都市型绿道规划设计研究［D］．北京：北京林业大学，2013.

［70］ 邵丹锦．中国传统园林种植设计理法研究［D］．北京：北京林业大学，2012.

［71］ 王欣．传统园林种植设计理论研究［D］．北京：北京林业大学，2005.

［72］ 王思元．城市边缘区绿色空间的景观生态规划设计研究［D］．北京：北京林业大学，2012.

［73］ 王亚军．生态园林城市规划理论研究［D］．南京：南京林业大学，2007.

[74] 魏菲宇. 中国园林置石掇山设计理法论 [D]. 北京：北京林业大学，2009.

[75] 薛思寒. 基于气候适应性的岭南庭园空间要素布局模式研究 [D]. 广州：华南理工大学，2016.

[76] 薛晓飞. 论中国风景园林设计"借"理法 [D]. 北京：北京林业大学，2007.

[77] 许晓明. 基于中国传统园林的借景设计方法研究 [D]. 北京：北京林业大学，2014.

[78] 姚朋. 现代风景园林场所物质的表征及构建策略研究 [D]. 北京：北京林业大学，2011.

[79] 姚玉敏. 绿化景观的视觉环境质量评价研究 [D]. 南京：南京大学，2011.

[80] 袁旸洋. 基于耦合原理的参数化风景园林机制研究 [D]. 南京：东南大学，2016.

[81] 于亮. 中国传统园林"相地"与"借景"理法研究 [D]. 北京：北京林业大学，2011.

[82] 杨鑫. 地域性景观设计理论研究 [D]. 北京：北京林业大学，2009.

[83] 杨玲. 基于空间管控视角的市域绿地系统规划研究 [D]. 北京：北京林业大学，2014.

[84] 张文英. 当代景观营建方法的类型学研究 [D]. 广州：华南理工大学，2010.

[85] 张纵. 中国园林对西方现代景观艺术的借鉴 [D]. 南京：南京艺术学院，2005.

[86] 张媛. 城市绿地的教育功能及其实现 [D]. 北京：北京林业大学，2010.

[87] 赵晶. 从风景园到田园城市——18世纪初期到19世纪中叶西方景观规划发展及影响 [D]. 北京：北京林业大学，2012.

[88] 郑曦. 城市新区景观规划途径研究 [D]. 北京：北京林业大学，2006.

[89] 陈晓菲. 基于生物多样性的海绵城市景观途径探讨 [J]. 生态经济，2015，31（10）：194-199.

[90] 陈文波，肖笃宁，李秀珍. 景观空间分析的特征和主要内容 [J]. 生态学报，2002（07）：1135-1142.

[91] 成玉宁，袁旸洋. 当代科学技术背景下的风景园林学 [J]. 风景园林，2015（07）：15-19.

[92] 丁绍刚. 景观意象论——探索当代中国风景园林对传统意境论传承的途径 [J]. 中国园林，2011，27（01）：42-45.

[93] 高欣朴. 人性化理念在风景园林设计中的应用研究 [J]. 赤峰学院学报（自然科学版），2015，31（15）：54-56.

[94] 韩锋. 文化景观——填补自然和文化之间的空白 [J]. 中国园林，2010，26（09）：7-11.

[95] 匡纬. 风景园林"参数化"规划设计发展现状概述与思考 [J]. 风景园林，2013（01）：58-64.

[96] 李雄，张云路. 新时代城市绿色发展的新命题——公园城市建设的战略与响应 [J]. 中国园林，2018，34（05）：38-43.

[97] 李春娇，贾培义，董丽. 风景园林中植物景观规划设计的程序与方法 [J]. 中国园林，2014，30（01）：93-99.

[98] 林箐，王向荣. 地域特征与景观形式 [J]. 中国园林，2005（06）：16-24.

[99] 刘灿，张启翔. 色彩调和理论与植物景观设计 [J]. 风景园林，2005（02）：29-30.

[100] 刘滨谊，范榕. 景观空间视觉吸引机制实验与解析 [J]. 中国园林，2014，30（09）：33-36.

[101] 潘剑彬，李树华. 基于风景园林植物景观规划设计的适地适树理论新解 [J]. 中国园林，2013，29（04）：5-7.

[102] 唐真，刘滨谊. 视觉景观评估的研究进展 [J]. 风景园林，2015（09）：113-120.

[103] 田朝阳，闫一冰，卫红. 基于线、形分析的中外园林空间解读 [J]. 中国园林，2015，31（01）：94-100.

[104] 文克·E. 德拉施塔德，温迪·J. 杰里施塔德，徐凌云，等. 景观生态学作为可持续景观规划的框架 [J]. 中国园林，2016，32（04）：16-27.

[105] 王云才. 传统文化景观空间的图式语言研究进展与展望 [J]. 同济大学学报（社会科学版），2013，24（01）：33-41.

[106] 王云才. 风景园林生态规划方法的发展历程与趋势 [J]. 中国园林，2013，29（11）：46-51.

[107] 王云才，申佳可，象伟宁. 基于生态系统服务的景观空间绩效评价体系［J］. 风景园林，2017（01）：35-44.

[108] 王贞，万敏. 低碳风景园林营造的功能特点及要则探讨［J］. 中国园林，2010，26（06）：35-38.

[109] 王凌，罗述金. 城市湿地景观的生态设计［J］. 中国园林，2004（01）：44-46.

[110] 杨云峰，熊瑶. 意在笔先、情境交融——论中国古典园林中的意境营造［J］. 中国园林，2014，30（04）：82-85.

[111] 俞孔坚，李迪华，吉庆萍. 景观与城市的生态设计：概念与原理［J］. 中国园林，2001（06）：3-10.

[112] 岳邦瑞，刘臻阳. 从生态的尺度转向空间的尺度——尺度效应在风景园林中的应用［J］. 中国园林，2017，33（08）：77-81.

[113] 张琳，刘滨谊，林俊. 城市滨水带风景园林小气候适应性设计初探［J］. 中国城市林业，2014，12（04）：36-39.

[114] 张文英. 对城市居住区环境设计现状的反思［J］. 中国园林，2005（01）：65-69.

[115] 张振. 传统园林与现代景观设计［J］. 中国园林，2003（08）：46-54.

[116] 朱建宁，杨云峰. 中国古典园林的现代意义［J］. 中国园林，2005（11）：1-7.